焦点解决式会谈：倾听与回应中的关键技术

Opportunities in Solution-Focused Interviewing: Clients' Key Words and Therapists' Responses

(美) 乔尔·K. 西蒙 (Joel K. Simon)
(美) 兰斯·泰勒 (Lance Taylor) 著

赵然 等译

化学工业出版社
·北 京·

Opportunities in Solution-Focused Interviewing: Clients' Key Words and Therapists' Responses, 1st edition by Joel K. Simon, Lance Taylor / 9781032500539

Copyright © 2024 Joel K. Simon and Lance Taylor
Authorized translation from English language edition published by Routledge, an imprint of Taylor & Francis Group LLC.
All Rights Reserved.
本书原版由Taylor & Francis出版集团旗下Routledge出版公司出版，并经其授权翻译出版。版权所有，侵权必究。

Chemical Industry Press Co., Ltd. is authorized to publish and distribute exclusively the Chinese (Simplified Characters) language edition. This edition is authorized for sale throughout Mainland of China. No part of the publication may be reproduced or distributed by any means, or stored in a database or retrieval system, without the prior written permission of the publisher.
本书中文简体翻译版授权由化学工业出版社有限公司独家出版并仅限在中国大陆地区销售，不得销往中国香港、澳门和台湾地区。未经出版者书面许可，不得以任何方式复制或发行本书的任何部分。

Copies of this book sold without a Taylor & Francis sticker on the cover are unauthorized and illegal.
本书封面贴有Taylor & Francis公司防伪标签，无标签者不得销售。

北京市版权局著作权合同登记号：01-2025-2979

图书在版编目（CIP）数据

焦点解决式会谈：倾听与回应中的关键技术 /（美）乔尔·K. 西蒙（Joel K. Simon），（美）兰斯·泰勒（Lance Taylor）著；赵然等译. -- 北京：化学工业出版社，2025. 11. -- ISBN 978-7-122-48923-4

Ⅰ. B849.1

中国国家版本馆CIP数据核字第20257C6L16号

责任编辑：赵玉欣　王　越
责任校对：边　涛　　装帧设计：尹琳琳

出版发行：化学工业出版社（北京市东城区青年湖南街13号　邮政编码100011）
印　　装：大厂回族自治县聚鑫印刷有限责任公司
710mm×1000mm　1/16　印张16¼　字数240千字　2026年1月北京第1版第1次印刷

购书咨询：010-64518888　　售后服务：010-64518899
网　　址：http://www.cip.com.cn
凡购买本书，如有缺损质量问题，本社销售中心负责调换。

定　　价：88.00元　版权所有　违者必究

内容简介

本书由焦点解决微观分析方法的开发者撰写，介绍了临床工作者如何在倾听和回应来访者的过程中使用微观分析。本书可以在焦点解决短期治疗流程的咨询、培训、教练和督导中使用。

作者回顾了焦点解决短程治疗流派的发展与演变、哲学基础和干预工具，分享了他们的实践如何随着时间的推移从临床经验中逐步发展，与来访者、同事、受督导者和受训者一起成长。本书从理论到实践，回顾了对话机会点的概念历史根源，展示了作者如何开发这一方法并创建咨询介入流程。书中展示了该方法在教练、督导和培训中的应用，穿插了来访者与咨询师之间、培训师与受训者之间对话的实际例子，展示了该模型如何应用于实践，全书对案例材料的分析和讨论非常丰富和充分。

这本书不仅对焦点解决短程治疗的新手咨询师有价值，对经验丰富的实务工作者也是如此。精神科医生、临床社工、心理咨询师和其他心理健康专业人士将发现这是一本富有启发性的著作。

作者简介

Joel K.Simon是北美焦点解决短程治疗协会的创始成员，拥有超过40年的临床社工实践经验，在住院部和门诊工作中积累了丰富的经验。自1992年起，他一直是焦点解决短程治疗的实践者、培训师、讲师和顾问。

Lance Taylor是心理学硕士、注册心理师，是北美焦点解决短程治疗协会的创始成员，并曾担任主席。在其35年的职业生涯中，曾在社区心理健康和私人心理实践领域担任咨询师、临床督导、培训师、管理者和导师。

译者名单

李　青

李一岚

李鲁平

李　洋

王　欣

赵　然

中文版推荐序

焦点解决短程治疗（SFBT）此一后现代心理咨询派别兴起茁壮的因素之一，即创始人Steve de Shazer、Insoo Kim Berg所带领的工作与研究团队不断通过实务与研究，持续检视与实验"'咨询对话的过程'与'有效性'之间的关系"，其包含仔细探究来访者主观觉知的会谈效果、所定义的目标与进展，以及这些因素与咨询次数、咨询师与来访者互动之间的相互影响等。也因为这样独特的精神，近年来SFBT 世界里"微观分析"（microanalysis）盛行。

微观分析是一种心理语言学研究，在初期发展阶段，SFBT微观分析团队通过梳理SFBT大师咨询录像带的逐字稿，对照不同咨询流派的会谈历程，来凸显在SFBT对话中的特定语言使用之下，其治疗效益将会如何显现。例如，微观分析发现，在SFBT的会谈里会有更多探讨来访者优势的正面对话，保留更多来访者原有的语言表述，以及，咨询师会以更多提问问句进行介入。微观分析的成果，对SFBT何以有疗效，做了最佳的说明，同时也更支持了SFBT的治疗信念：来访者改变的发生，是通过"可被观察的互动历程"而得，亦即，咨询师在咨询室内找到与来访者合作所进行的治疗对话的互动过程，将会影响来访者思索对话语言中的意义，进而发生新的协商、调整与转变。因此，SFBT提醒咨询师，需要依据会谈室内可被观察到的对话具体内容来推展咨询工作，不要自行跳跃或产生进一步的演绎，以稳定自己能够专心停留于来访者目前语言的意义来进行理解。

微观分析的风潮，正是本书之所以能够问世的重大促发因素。本书作者Joel K. Simon 和Lance Taylor认为，在咨询会谈中建构解决之道，需要在来访者和咨询师之间建立合作协力的对话里，积极辨认对话中所浮现的"机会点"（opportunity）（即来访者采取的行动，或可被视为问题的例外，或是更具有希望的可能性等相关指标），在仔细深究或拓展扩大这些“机会点”之后，让这些“机会点”能够转化成为有意义的改变。两位作者也认为，SFBT的会谈对话乃是一种“融合性叙事”（converging narrative），在咨询过程中，咨询师会协助来访者“轻柔地”将过去、现在、未来的藩篱打开，参酌过去、想象未来，让当事人能于现在，开始做一些“微小的”行动，以期能十分“细微地”离开问题一点点，并朝向可能的解决之道方向略微“移动”；当然，所谓的“移动”，除了指会谈话题的变化之外，更是指朝向来访者的希望与目标移动。明显可知，本书两位作者关于“机会点”与疗效的观点充分呼应着SFBT的核心信念——“能够真正倾听来访者”，方为SFBT咨询师最为重要的专业能力。而“如何能够在会谈对话中‘听见机会’”，类似于微观分析的“机会点分析”，正是本书撰写的主轴内涵。

在本书里，首先，两位作者完整统合地简介了SFBT的精神与技术。这份完整统合的SFBT简介，乃汇整他们自跟随Steve de Shazer、Insoo Kim Berg以来如此多年的实务工作经验与训练课程内容，也因他们个人的特色与深入SFBT精髓的功力，书中处处可见他们细腻的笔触与独到的见解。而在“机会点分析”的主轴环节里，他们除了介绍微观分析与机会点分析的重点之外，还呈现一些SFBT逐字对话的历程并进行分析与讨论，这也使得本书的内容格外翔实且多元具体。例如，书中先呈现来访者在会谈中叙述的具体内容，以及作者两人分别表示他们各自认为这些内容显现了哪些“机会点”的出现。之后，再置身于咨询师的角色，考虑这些“机会点”的信息如何形成可以响应的方式或提问的句型，以及其中何者可能是较好的选择。更有趣的是，在这些分析与讨论的过程中，两位作者彼此间的讨论、个人的评论与各自的思路，也都被翔实呈现于后。在本书的最后，两位作者还将“机会点分析”如何应用于训练领域、督导领域以及教练领域做了一番说明，从而扩充了本书的应用场景。

对于Joel K. Simon和Lance Taylor这两位在SFBT世界中非常被敬重的代表人物，我个人亦是万分崇拜佩服。每每阅读Joel K. Simon撰写应用SFBT于心理疾病、哀伤失落、个案管理等主题的专著，我都深有体悟，除此之外，在美加地区焦点解决短程治疗协会（SFBTA）的几次年度研讨会中，通过参与他的训练课程，可以体会到SFBT极为深奥又难以掌握的哲理。而Lance Taylor，在我眼中，这十多年来，简直就是我SFBT的专业督导，我的心灵导师，也是我面对联结甚深的Insoo仙逝时，疗愈我的关键力量。2013年，惊讶而哭成泪人的我，就是从Lance Taylor手中，接下了SFBTA年度“纪念Insoo Kim Berg的卓越贡献训练师奖”；他的种种鼓励与多次肯定，更激发我想要实际成为自己心中那位真正实至名归的SFBT训练师得奖者与推动者。所以，当得知本书能被翻译出版时，我的雀跃之心，绝不亚于我的感谢之情。

对于我这位学习SFBT二三十年的读者来说，本书的内容，蕴含了可贵至极的SFBT实务工作者之“思维”示范，也包括了重要代表“技术”如何被选择与使用的决定历程，更重要的是，书中的字字句句都具有醍醐灌顶般的神奇效力，不断提醒我要“如何懂得倾听来访者的声音”，并致力于发现在会谈往返对话里的“机会点”。显而易见，阅读本书，不仅十分有助于咨询师“闭关练功”、自行提升自我督导的专业能力，同时，也相当有助于增强应用SFBT于咨询、训练、督导、教练等领域的“深厚功底”。所以，对于想要锐意求进SFBT的实务工作者来说，这绝对是一本不容错过的经典之作！

许维素

台湾师范大学教育心理与辅导学系退休教授

中文版序

首先，我们祝贺化学工业出版社将本书引进并即将出版。我们知道，在世界上的许多地区，由于英语版本的限制，人们无法充分接触到焦点解决短程治疗（SFBT）。赵然教授及其团队通过他们的努力，为中国同行们送上了一份礼物。期间，赵然教授经由许维素博士联系我们，希望我们能为中国读者写一篇新的序言。感谢她们的盛情邀约，同时很高兴能有这个机会向中国读者致以诚挚问候。

我们期待着有幸与您——亲爱的读者们一起，体验一次非常独特的经历，即审视人类交流中的细微瞬间。在对话中究竟发生了什么，是可以被实证观察、量化和研究的？我们的朋友和导师Janet Bavelas曾经说过："当然，研究心理咨询和治疗的结果和有效性是有用的。"作为焦点解决短程治疗的实践者，难道不应该也要研究，当两个人或更多人进行被称为焦点解决短程治疗的特殊对话时，究竟发生了什么吗？我们的老师，SFBT的创始人Insoo Kim Berg和Steve de Shazer说："是的，我们应该。"作为本书的作者，我们也说："是的，我们应该！"我们密切观察来访者的所说所做，以及咨询师在回应中的所说所做，并得到了良好的回报，由此形成了一套独特的框架，用于理解、实践和教授SFBT。

机会点分析是一种学习和教学工具，聚焦于咨询师和来访者之间对话中发生的确切事件。从来访者的言语中，咨询师挑选出最有希望进行干预解决的词汇和短语。我们与"问题的例外"这一极为重要的现象密切合作，仔细倾听来访者所说的那些蕴含希望的词语，促成有意义的改变。

我们很高兴能按照您的习惯，用您熟悉的语言与您分享对机会点的分析。您可能已经知道，我们非常重视来访者自己的说话方式、他们独特的个人词汇以及他们如何使用语言。事实上，正如您即将发现的，一些在治疗中构建解决方案的最重大的机会点直接来自我们的来访者所说的话和他们说话的方式。

现在，您是读者，而不是我们咨询中的来访者。您是SFBT的实践者和学习者，我们也是您在掌握这种优雅的治疗方式的道路上的同行者。恰如机会点存在于我们与来访者的咨询关系中，机会点同样存在于我们的同事关系和教学关系中。我们非常感兴趣的是，您对于阅读和与同事分享这本书可能抱有什么样的希望。我们可以告诉您，我们的希望有两个方面。我们期待通过这本书与您进行“对话”，能从您那里学到些什么；我们希望阅读这本关于机会的书，能够成为您扩展帮助来访者克服困难的技能的持久机会。

乔尔·K. 西蒙（Joel K. Simon）

兰斯·泰勒（Lance Taylor）

原著序

在焦点解决短程治疗（SFBT）圈子中有一句格言："简单但不容易。"这句话是说，理解SFBT的概念和原则，比有效地将这些想法付诸实践于和来访者工作的过程中要容易得多。

在这方面，Harry Korman（个人交流）传承下来的来自SFBT协会的故事具有指导意义。他讲述了2006年他与Insoo Kim Berg的一次散步和谈话，此前两人参与了Janet Bavelas及其微观分析团队的研究日活动，不久之后，他与几位著名的SFBT培训师一起参加了一次教学活动。他们讨论从最近这些活动中学到的东西时，Korman想知道，人们必须观察多长时间才能判断对话是否是SFBT对话。他想了大约三到五分钟，然后问Berg她是怎么想的。Berg说："不到一分钟。"这引发了一场漫长而有趣的对话：IT是什么？进行SFBT对话的本质是什么？以及如何判断IT正在发生？在Korman和Berg对于这个问题分享了他们的想法之前和之后，已有多种答案通过书面形式和会议讨论被提出。

Steve de Shazer（SFBT的创始人之一）和Berg及其在短程家庭治疗中心（Brief Family Therapy Center，BFTC）的同事喜欢说IT这个词，因为来访者告诉他们这些对话很有帮助；然而，他承认他不太了解这种与来访者的互动方式是如何起作用的。因此，虽然他有自己的IT版本，但他说这只是其中一种可能，所有SFBT从业者都应该继续关注他们与来访者合作的内容，从而继续发展他们自己对IT或对SFBT的本质的看法。

就在他们去世前几年，Shazer和Berg都对面对面对话的微观分析产生了兴趣，因为这种研究可能进一步揭示SFBT的本质。微观分析提供了面对面会谈本质的详细说明，因为对话是逐渐展开的。这种方法与SFBT相辅相成，因为它停留在治疗会谈等面对面对话的“表面”。它通过仅将可直接观察到的言语和非言语行为视为有效数据来实现这一点。

在Shazer和Berg去世后的15年里，Janet Bavelas在维多利亚大学的微观分析团队以及几位焦点解决短程治疗取向的咨询师中开展了许多关于治疗对话如何运作的初级研究项目。这些研究的发现，具体如下：①咨询问题不仅仅是通过其嵌入的假设直接影响治疗对话方向的信息收集的；②咨询公式（即咨询师习以为常的模式）不是中立的，而是通过保留来访者的一些语言，编辑其余部分，并有时添加自己的内容，改变来访者所说的话；③咨询对话是通过咨询师和来访者之间的互动构建的，他们在一个又一个语段的交流中达成一个又一个共识。这些共识既源于之前对话中已形成的理解，又沿着可辨识的方向持续积累，这一方向受咨询师提问的影响，也受咨询师公式转变的影响。在这些研究中，SFBT与其他流派被对比，这告诉我们更多关于SFBT的独特之处以及SFBT的本质。

关于治疗对话的微观分析研究逐渐增加，一些SFBT咨询师、督导师和培训师已经开始尝试将这项研究的发现应用于他们的工作中。Joel Simon和Lance Taylor是其中的两位先驱者。他们在2014年发表了一篇文章，关于检查在咨询师进行SF反应的多个“机会点”中来访者回应的前瞻性和有效性，就此主题，他们现在向读者提供了更详细的书籍版本。

本专著基于这样一个信念：有效的SFBT会谈是通过语言进行的，咨询师有责任引导或影响谈话朝着SF方向发展。咨询师通过选择来访者语言中的词、短语和想法来引导对话，这些词、短语和想法最有可能邀请来访者构建更清晰的愿景，包括他们想要在生活中实现的与当下的不同，以及如何让这些变化发生。这个过程涉及倾听和从来访者的话语中选择SF的机会点，然后制定有效的咨询师反应；这个过程应遵循咨询师提供最有可能从来访者那里引出SF对话回应的原则。根据作者的说法，这就是“IT”或SFBT的本质。

这本书的价值在于作者提供了分步方法和对构建SF咨询师反应的机会点进行微观分析的详细说明。这个过程涉及两名或多名咨询师独立研究一组预先选定的、来自SF治疗会话的、数量有限的来访者的语段。每个咨询师都会列举他们在每个来访者语段中识别出的潜在的SF机会点。对于每个机会点，咨询师至少会构建一个或通常多个SF反应。然后，咨询师对来访者的语段选择首选回应，并记录他们的理由。一旦咨询师完成了对预先选定的来访者语段的工作，他们就会在图表上结合各自的微观分析并进行比较。这些比较具有指导意义，既分析了来访者语段中的机会点，也探讨了咨询师可能做出的反应、咨询师最终的首选反应以及咨询师选择首选反应的理由。

作者详细说明了SFBT从业者如何在咨询、辅导、督导和培训情况下使用微观分析的机会点。我鼓励任何想要思考和雕琢SFBT技能的从业者不仅要阅读这本有价值的书，还要找到至少一位伙伴，在对方的专业工作文本中进行自己的“微观分析”。Berg和Shazer最喜欢的另一句格言是“做了便知道”。人们将通过努力对机会点进行自己的微观分析，并持续关注在实践中逐渐显现的差异化且更有用的东西来获得最深刻的学习。以上建议可能不会让大家感到惊讶，因为SFBT最初就是以与BFTC相同的方式创建的。

Peter De Jong

国际微观分析协会联合创始人

目录

导论

一位东方哲学教授认为自己是禅宗方面的专家。为了寻求更多的知识，他去见一位禅宗大师。大师热情地欢迎他并请他喝茶。当大师准备茶时，先烧水，然后泡茶。教授准备好了向大师展示自己在禅宗哲学方面的广博知识。很快茶准备好了，大师在教授面前放了一杯茶，开始倒茶。当教授继续说话时，大师继续倒茶，直到水满到杯子的边缘，开水继续倒入，茶水溢出到桌子上。这时教授停下来，惊讶地看着大师，大师终于开口了："你就像那个杯子。只有当你清空自己时，才能重新装满。"

焦点解决短程治疗取向的咨询师在治疗性会谈（therapeutic conversation）中采用"空杯"的方法。也就是说，我们避免被自己对人们、他们的困境和他们的希望所填满，以便首先倾听来访者自己对将他们带入心理咨询的事情的看法。我们相信，为了成为一名高效的咨询师，必须倾听来访者，并在此基础上构建我们的解决方案。

作为焦点解决取向的实务工作者（solution-focused practitioner），我们保持一种非专家姿态，更倾向于认可和利用来访者带来的知识，而不是以专家身份出现。这并不意味着我们贬低专业训练、经验和知识，这些知识可能会帮助来访者共同构建有效的解决方案。毕竟，来访者参与治疗，因为他们期待这样的互动能提供改变现状的额外资源。我们只是需要确保来访者在有关自己的知识方面拥有特权，以便我们"从身后一步"带领，这是几年前由焦点解决短程治疗取向的实务工作者们在纽约奥尔巴尼提出的模式。Berg（个人交流）指出，作为焦点解决取向的实务工作者，我们在提问时具有专业能力，这些问题可以帮助来访者有效地改变观点、感受和行为。

经验丰富的焦点解决取向的实务工作者发展了我们称之为"倾听解决方案的耳朵"的能力。我们根据来访者提供的关键信息构建我们的下一个问题。在他们的回答中，来访者提供了额外的解决方案线索。我们不断基于这些线索，逐渐将对话引向更多可能性、希望，并描绘一个不同的和更积极的未来。

本书的诞生源于我们提出的以下问题："我们如何精确地导引咨询对话并发展这些以SFBT为中心的反馈循环，以及这些循环所带来的可能性？来访者呈现给我们的选择和理论如何作为干预的选项？我们如何最小化我们自己的干预假设？我们如何非常仔细地倾听来访者提供的选择？"这对我们来说很重要，不仅因为我们是焦点解决短程治疗咨询师，也因为我们是焦点解决短程治疗培训师。我们如何教那些对该"模型"不熟悉的人去达成所需要的"空杯"心态，以便调用"倾听解决方案的耳朵"？

两位作者从Janet Bavelas及其在维多利亚大学的同事那里获得了关于微观分析的丰富知识。我们在以构建解决方案为中心对话的微观分析方面的合作，源于我们共同的兴趣。作为我们合作的结果，我们撰写了《机会点：组织以构建解决方案为重点的会谈》（Opportunities：Organizing the Solution-Focused Interview），并将这篇文章发表于*Journal of Systemic Therapies*（2014）。

乍一看，这似乎是一个相当简单的概念：倾听来访者，注意可能性，做出选择，并以建构解决之道的方式回应他们的关键想法。我们对文章发表后收到的鼓励反馈感到惊讶。我们从同事那里听说，他们发现这些方法对他们自己很有用，但是并没有将这些方法纳入他们的培训中。我们注意到，实务工作者采用了"机会点"语言进行实践、督导和培训。在他们的书面评估中，来自培训师的反馈表述如下："我对在会话的前五分钟内可以从来访者那里学到多少可能性感到惊讶。""我对咨询师选择干预的共同点和差异感到着迷。"

虽然我们试图描述微观分析的过程，但受限于期刊文章的长度限制而无法实现。鉴于我们收到的积极反馈，Joel建议可能是时候扩展这些概念并撰写一本更详细和全面的书，以将机会点应用于实践中。我们相信，这个概念可以应用于许多临床实践模型。然而，需要指出的是两位作者都是焦点解决取向的实务工作者和培训师，因此我们亦特别关注该模型的广泛适用性。

我们不能假设每个使用这本书的人都熟悉焦点解决短程治疗（SFBT）。因此，前几章描述了SFBT的原则和实践：SFBT的假设，语言如何构建意义和现实，以及实践的工具等。那些已经熟悉该模型的伙伴可以跳过介绍章节，尽管他们可能会发现回顾SF基础是有趣和有用的。

接下来的章节描述了微观分析的基本原则，“机会点”这一概念及其在实践中的演变，以及在临床实践和培训中的应用。我们为读者提供了丰富的案例和机会点来实践这些概念。最重要的是，我们撰写此书，希望它能提供一种有组织的方式来倾听和回应来访者，这将为咨询实践提供有益的补充。

第1章

焦点解决短程治疗

基础

SFBT的起源和发展

作者认为，将**焦点解决短程治疗**（solution-focused brief therapy，SFBT）模型的早期基础及其随时间演变的过程撰写出来非常重要。这不仅对于那些不熟悉SFBT的人尤其重要，对于那些已经在实践SFBT的人来说，对SFBT发展基础的了解通常也是有用的。因此，本章详细讨论以下主题：SFBT模型从心理研究所（Mental Research Institute，MRI）到现今的发展历程、焦点解决式的假设、确定目标的要素、SFBT的简介以及问题解决（problem-solving）与建构解决之道（solution-building）之间的区别。

焦点解决式的实践一直强调实用的干预技巧，以使得实践保持短程且有效。在比它被命名为SFBT还要早十年的时候，治疗模型自诞生以来的演变主要推动力一直是并将继续是从来访者那里了解什么是有效的。由于关注了这一点，该模型发展和完善了各种干预工具：如"最好的希望"问句（best hopes question）、未来导向问句（future-oriented question）、奇迹问句（miracle Question）、例外问句（exception question）、量尺问句（scaling question）、应对问句（coping question）和"思考间歇"（thinking break）。

在讨论本书的架构时，作者意识到焦点解决式干预的主题相当广泛。我们会在第3章中讨论干预工具和地图的细节。

从40多年前SFBT缘起以来，很多人写了关于SFBT发展历史的基础方面的内容。几乎每一本关于该主题的书和文章都包含了这个主题。这里呈现的是本书作者对SFBT如何演变的诠释版本。人们普遍认为，焦点解决式治疗的"发明者"之一是Steve de Shazer。尽管他本人可能会反对（Miller & de Shazer，1998），但是许多人还是称他为"SFBT之父"。然而，他在加利福尼亚州帕罗奥多的早期工作确实为该方法后来被称为焦点解决短程治疗奠定了基础。

Steve de Shazer于1964年在密尔沃基的威斯康辛大学（UWM）获得了美术学士学位。同时，他是一名专业的萨克斯爵士乐演奏家。种种迹象都表明，de Shazer注定不会成为一名执业心理治疗师。

有些文章指出（如Cade，2007; Simon & Berg，2004），Jay Haley（1990）的《心理治疗策略》（*Strategies of Psychotherapy*）对de Shazer决定做一名社会工作者产生了关键影响。Cade（2007，p.42）引用de Shazer的话：

> 我能记得的是，直到我读了这本书，我才听说“心理治疗”这个名词，这是我读过的第一本关于这个主题的书。我可能比读其他任何“专业”书籍都更喜欢读这本书。

Haley的书让de Shazer做出了两个重要决定：回到密尔沃基的威斯康辛大学（UWM）攻读社会工作科学的硕士学位（MSSW），并被介绍到Milton Erickson博士那里实习。

Milton Erickson

Milton Erickson是一位精神科医生，他因把催眠疗法重新引入临床作为工具而闻名，他对20世纪早期到中期很流行的心理分析和相关的心理动力学治疗产生了重大影响，改变了心理治疗实践的发展方向。因此，他最出名的是他对催眠疗法的研究和实践。Heley（1973，p.3）反思了Erickson的心理治疗实践是如何超越催眠的：

> 从催眠训练中获得了观察人类复杂的交流方式的技能、激励人们遵循指令的技能，以及使用自己的语言、语调和肢体动作来影响他人的技能。同样，催眠还催生了一个概念，即人是可变的，形成了对空间和时间可塑性的欣赏，以及关于如何指导另一个人变得更加自主的具体想法。

Erickson的核心概念是利用。在治疗过程中，来访者带来的任何东西都必须被视为有用的，而治疗师的工作就是调动它的有用性。Erickson提出，问题实际上是过时的解决方案。问题是由于缺乏经验和/或信息而产生的，它甚至可能在当时起到了有益的作用。但现在它们不再起作用，而且有可能把来访者锁定在不太有用的思想、行为和情感中。从Erickson的角度来看，治疗师的任务是帮助来访者找到更有用的解决方案，从而产生更好的想法、行动和感受方式。

有很多受他影响的疗法采用了Erickson的模式干预（pattern disruption）技术。Erickson会研究来访者的模式，并开出改变的处方。一个案例是，一位女性来找他，她说自己一直在减肥，然后又增重（Rosen，1982）。在她承诺会遵循指令后，Erickson告诉她，她需要在减肥之前，先让自己长20磅（译者注：1磅约为0.45千克）。“她跪下来求我，让我不要让她做出这个承诺”（Rosen，1982，p.124）。在增重了20磅之后，她减了70磅，并且说她再也不会增重了。这个妇女过去的模式是体重减了再增。Erickson的指导打乱了这个模式，先增后减。

受Erickson影响，在其他疗法中也能发现模式干预技术。例如，在视频《穿越天花板》（*Coming Through the Ceiling*）中，一名女子抱怨住在楼上的男子制造了一台能发出冲击波的机器，让她夜不能寐。在与团队协商后，de Shazer建议她睡在另一个房间的地板上。

这名妇女回来后报告说，她已经几个晚上都能够睡得很好了。她推断，由于床架是金属制成的，它可以传导电击。为了证实她的逻辑，她移走了床架。为了万无一失，她还把床垫移走了，于是她睡在床边的地板上。果然这让她晚上睡了个好觉，她很久没有这么睡过了。接下来，虽然她依然还在想楼上的邻居，但她的逻辑思维能力得到了明显的改善，她看起来能够很好地休息了。

毫无疑问，Erickson对de Shazer及SFBT的发展产生了深远的影响。de Shazer（1982，p.28）说：

> 短程家庭治疗在很大程度上要归功于Milton Erickson的治疗方法及其所涉及的世界观。他的工作程序包括“以超越来访者有意或无意控制范围的方式，唤醒和利用其自身的心理过程”。

在《解决之钥》(*Key to Solutions*)(de Shazer，1985b，p.5)中，也可以找到对Erickson的引述："这里介绍的短程疗法的出版历史可以追溯到Milton Erickson的《短期催眠疗法的特殊技术》(Special Techniques of Brief Hypnotherapy)。"在《线索》(*Clues*)(de Shazer，1988，p.49)中的引述为："自1982年，我们在BFTC的工作一直致力于解决Erickson在其论文《催眠过程中，时间的伪取向》(Pseudo-Orientation in Time as a Hypnotic Procedure，1954)中提出的难题。"

事实上，de Shazer(1978)在1978年写了一篇论文，题为《两例性功能障碍的短程催眠疗法：水晶球技术》(Brief Hypnotherapy for Two Sexual Dysfunctions：The Crystal Ball Technique)(基于Erickson的理论成果)(p.49)。以焦点解决式的实践强调对来访者的尊重、接受来访者的参考框架、强调来访者的社会和个人资源，以及假设来访者有能力发现自己的解决方案——这些因素可以直接追溯到Erickson博士的实践和教导。

心理研究所(MRI)

1952年，人类学家Gregory Bateson获得了一项研究资助。他说服他的同事John Weakland搬到美国西海岸：

> 次年，Jay Haley和William Fry加入，他们组成了一个极具创造力、多产且有影响力的研究小组，在家庭治疗领域发表了许多早期的研究论文。
>
> (Cade，2007，p.31)

从本质上来说，他们组建了一个智库型团队，对系统理论在许多不同背景下的应用感兴趣。系统理论认为，在由独立但相互联系的个体组成的人类社会系统中，任何部分的变化都会导致所有部分的相应变化。在这种情况下，系统内部的其他个体也会随之变化。

1958年，精神科医生Don Jackson在加利福尼亚州帕洛阿尔托成立了心理研究所(Mental Research Institute，MRI)，作为"发展和研究互动视角临床应用的中心”（Cade，2007，p.31）。

1966年，Dick Fisch、John Weakland和Paul Watzlawick等人成立了短程治疗中心（Brief therapy Center，BTC）。BTC作为一个家庭治疗体系，从当时更为流行的精神分析理论中分离出来，BTC也受到了Milton Erickson工作的影响，尤其是模式干预取向的影响。

关于BTC对该领域的影响，特别是与心理动力学理论的分离，有必要进行简要的说明。精神分析将问题视为潜在的内在心理冲突的表征（Brenner，1974），因此建议从业人员不要直接解决问题，因为这种做法不能解决潜在的结构性问题，还可能导致症状转移到其他地方。

相反，MRI将问题视为系统形成和维持功能障碍的方式。症状是有用的，因为它们有助于维持动态平衡，尽管是以牺牲系统中的一个或多个个体为代价。de Shazer（1985a，p.42）引用Simon等人（1985）的陈述：

> 在这些和其他自组织的控制论系统中，所有的元素都是相互联系的，家庭的问题为家庭系统实现了一个特定的功能。

因此，问题不被视为个人更深层次的内部结构，而被视为其社会制度的一部分。Watzlawick等人（1974，p.10）概述了解决问题的四个步骤：

1. 对问题进行明确而具体的界定；
2. 了解到目前为止尝试解决问题的方法；
3. 明确改变的具体目标；
4. 计划的制订和实施，以产生变化。

与精神分析学派对症状与治疗的取向相反，很明显，MRI不仅将问题视为外部原因，而且治疗涉及直接解决问题。而de Shazer和他的同事们与MRI聚焦问题解决的模型分离，对BFTC的发展产生了明显的影响：

> 在短程家庭治疗中心之外，特别感谢John H. Weakland的关心和支持。他每年的拜访帮助我们与他、他在心理研究所的短程家庭中心团队，以及BFTC

团队这一治疗传统保持联系。在我们认识的这些年里，他帮助我澄清了我的和他的模型中都更值得做的内容。

（de Shazer，1985a，pp.xix–xx）

Insoo Kim Berg（私人交流）曾表示，当初的目的是建立中西部地区的MRI。由于我们对例外的认识，我们将MRI的问题解决模型转向聚焦解决式的模型BFTC。我们将在本章后面讨论这个内容。

Ludwig Wittgenstein

Wittgenstein写了很多文章，也有很多人试图解读Wittgenstein的文章。de Shazer（私人交流）曾经说，我们阅读Wittgenstein的著作，不是为了找出他在想什么，而是为了找出我们在想什么。

我们不打算在本书中详尽地介绍Wittgenstein的哲学，而想表明他的哲学是如何影响de Shazer和SFBT的发展。de Shazer创造了“后结构”这个词来描述一些疗法，比如SFBT，其表达语言功能的方式与其他疗法，尤其是心理动力学取向非常不同。

为了区分结构主义和后结构主义（post-structuralism）或建构主义（constructivism）。Simon和Nelson（2007，p.157）引用de Shazer（1994）的话来描述结构主义：

> 结构主义哲学是实证主义的，因为它建立在语言代表现实世界观的基础上；也就是说，一个词和它所代表的东西之间存在着一种“真正的”对应关系……我们可以通过看它的背后或内在所代表的东西来理解这个词的意思。因此，意义是由语言使用者的共识确定的。

例如，如果一个来访者害怕狗，结构取向的治疗师，在理论上的假设很可能是“狗”这个概念有“更深层次”的意义。因此，治疗目标就是帮助来访者深入了解“狗”的潜在“真实”意义。而后结构取向认为，我们通过会谈创造语言意义。意义取决于上下文——何时、何地、和谁在一起，因此不是固定的，而是流动的。我们使用的词语是有意义的。或者像Wittgenstein（1958，p. 20）

所说：

在很多情况下——虽然不是所有情况，我们使用“意义”这个词时，可以这样定义：一个词只有在使用时才能体现出它的意义。

再回到狗的例子中，焦点解决取向的治疗师会对来访者想要如何思考、感受或采取不同的行动感到好奇。虽然这可能与狗有关——如果这正是来访者想要的不同之处，但也并不一定意味着它就是如此。当我们在本章后面回顾焦点解决式的假设时，这一点可能会更加清晰。

如果从建构主义的观点来看，意义是通过使用来协商的，那么从逻辑上讲，我们对什么是真实的感觉也是如此。de Shazer（1991，p. 44）指出：

因此，建构主义涉及哲学观点，而不是治疗的理论或模型。如果要把它作为看待治疗的有用框架的话，那么它需要的不仅仅是一句简单的口号：**现实是被发明的，而不是被发现的。**广义地说，从建构主义的框架来看，治疗有一个共同的原则：**现实建构于共识性的语言过程之中。**

这意味着治疗师和来访者之间的会谈共同建构了一个现实，这个现实受到语言的限制，依赖于语境；或者，正如Wittgenstein（1958，p.74）所说，“**我的语言的有限性意味着它限制了我的世界**”。理解Wittgenstein（1958），或如de Shazer所说，达成“或多或少有用的误解”，关键是他提出的“语言游戏”概念：

我们也可以把使用词语的整个过程看作孩子学习母语的一种游戏。我将这些游戏称为“语言游戏”，有时也将原始语言称为语言游戏。

我将把由语言的整体构成，以及由语言编织而成的行动，称为“语言游戏”。

（Wittgenstein，1958，p.5）

关于问题的会谈就是一种语言的游戏；关于来访者如何希望他们的生活变得不同、变得更好、更令人满意的会谈是一种非常不同的语言游戏。这一概念对于焦点解决式会谈的重要性，体现在Wittgenstein的上述陈述中，他断言“言语也是行动”（Wittgenstein，1958，p.146），共同建构的会谈导致行动，即语言和行动在语言游戏中是交织在一起的，决定了我们的感受、思考和行动。

以问题为中心的会谈共同创造了围绕问题的现实。从而导致来访者和治疗师以聚焦问题的方式思考、感受和行动。他们围绕着阻抗、否认、移情和反移情等纯理论概念创造现实。这里的矛盾是：如果我们共同建构问题，那么问题最终如何得到解决？当来访者和治疗师开始不再关注解决问题的细节，而转移到关注如何进行干预的细节时，问题就解决了。取而代之，以目标、个人和社会资源以及更令人满意和充实的未来为中心的语言游戏将会有什么可能性呢？这就是为什么在焦点解决式会谈中来访者会做一些不同的事情，由此不仅改变了他们的生活，而且可以对他们社会系统中的其他人产生积极影响。de Shazer（1991，p.151）指出：

> 在治疗过程中，当治疗师和来访者把会谈聚焦在开发解决方案的语言游戏上时，来访者常常会发展和构建出令人满意的解决方案。

SFBT的发展：从问题解决到焦点解决

20世纪70年代早期，de Shazer居住在加利福尼亚的帕罗奥多并执业。那时，他通过单面镜观察来访者。镜后的人是斯坦福大学的社会学教授Joseph Berger。de Shazer和Berger一起从社会学的角度研究治疗。这反映了Erickson对他的治疗的描述——“观察和利用”或MRI的人类学取向，所设计的干预措施不是基于理论，而是基于观察和描述。

de Shazer是推理小说的粉丝，尤其喜欢引用作者Conan Doyle笔下的Sherlock Holmes的性格特点。关于观察和描述的最恰当的概念，de Shazer用他最喜欢的Holmes名言之一来表达：“在没有得到数据之前就进行理论分析是大错特错的。不知不觉地，人们开始扭曲事实来适应理论，而不是让理论去适应事实。”

de Shazer和Berg一起设计了很多研究项目。其中之一是在咨询最初提出的问题："治疗师做些什么对来访者是有帮助的？"这个问题后来被改为："咨询师和来访者一起做什么可以对来访者有帮助？"很多治疗师从元理论开始考虑，治疗师如何与来访者共同建构现实。因此，这是一种演绎的治疗方法：以理论开始，然后进行治疗干预。

Fiske（2007，p.319）是一位焦点解决取向的实务工作者，她指出"许多学生（和教师）认为理解理论是确定治疗方法的必要条件"。

Simon和Nelson（2007，pp.94-95）强调指出：

> 事实上，当实务工作者坚持一种理论时，更有可能阻碍创造新的可能性或无法识别对来访者潜在而有用的内容。治疗师专注于自己的理论，而不是来访者的理论或情境。那些存在于理论解释之外的来访者的行为被视为无关的，只是可以被忽略的静态。

de Shazer和Berg发展出归纳治疗方法，这种做法一直延续到现在。当我们在和来访者一起工作的时候，我们从他们那里学习到我们如何做会对他们有所帮助，这让我们把这个经验应用于其他来访者，从而扩大了我们采用有用的干预措施的范围。这促使我们保持描述性，而不是寻求对来访者行为或心理动机的解释。正如Wittgenstein（1958，p.47）所说："我们必须抛弃所有的**解释**，只有描述才能取而代之。"

de Shazer承担的另一个项目（Simon，2010）是研究短期治疗（short-term therapy）。他将来访者随机分配到两组：一组被告知他们只能进行20次治疗，另一组只能进行10次治疗。他发现，在被告知只有20次治疗组中，直到第17或18次才显现疗效。10次治疗组也呈现类似的反应模式。因此，他放弃了短期治疗（译者注：更强调治疗的时间限制，来访者在一定时间内接受治疗），转而专注于短程治疗（译者注：注重在短期内实现有效的改变和治疗目标，强调效率）。

短期治疗一般受两个因素的限制：治疗时长和预设的治疗次数。短期治疗的主要问题在于来访者对于治疗本质的理解。基本信息是，由于治疗次数有限，来访者需要降低对治疗结果的期望；在有限的时间内，无法进行深入治疗。这一点在20世纪90年代中期医疗管理（managed care）出现时就得到了强调。那些按照长期理论进行治疗的治疗师现在被迫在短期内工作。但是危险在于，医疗管理向来访者传达了矛盾的信息：治疗师认为有效治疗所需的时间与医疗管理所要求的期限之间的不同。Edmunds等人（1997，p.51）指出：

鉴于医疗保险公司面临降低成本的压力，需要心理健康服务的消费者可能特别容易受到成本控制政策的影响，因此，这些政策的变化会不加选择地影响相关服务的质量和服务的针对性。

另外，Joyce和Piper（1998，p.247）指出：

研究结果清楚地表明，应该让患者做好接受短期、有时间限制的个体心理治疗的准备。转诊治疗师，或正在治疗的治疗师在签署治疗合同时，应适度调整病人的期望。设立过高的期望很可能使来访者因期待的结果得不到证实而感到痛苦，并可能增加放弃治疗的可能性。

与短期治疗相反，我们界定短程治疗，是来访者提出“希望在他或她的生活中发生哪些不同和积极变化”，并以为这个问题找到满意的解决方案所需的疗程为准，而不会再增加或减少一个疗程（Dolan，1991）[1]。当来访者认为他们的情况足够好了，决定不再需要治疗，他们在生活中可以自己继续取得进步了，治疗即终止。

短期治疗的主要决定因素是时间（在特定的时间内有限的治疗次数）。短程治疗强调的目标是一个更好、更满意的未来。从我们的角度来看，前者限制了可能性，后者增加了可能性。

[1] 在Dolan（1991）著作的最初引言中，de shazer对“短程”的定义是“短程的治疗仅仅意味着治疗需要尽可能少的疗程，甚至没有必要多做一个疗程，你就能找到一个令人满意的解决方案”（p.x）。为了强调差异而不是问题，作者们冒昧地提出了另一种焦点。

Insoo Kim Berg和Steve de Shazer

Insoo Kin Berg也被认为是SFBT模型的创始人。Berg是与家人一起从韩国来到美国的第一代移民。她曾在韩国学习药剂学，来到美国希望继续她的医学培训。当她到达美国后，她对社会工作产生了兴趣，并于1969年从威斯康辛大学密尔沃基分校毕业，获得了社会科学硕士学位。在MRI接受训练时，Berg对MRI模型产生了兴趣，John Weakland把她介绍给了de Shazer。从此他们开始了长达30多年的事业合作并成为人生伴侣，这对心理治疗实践产生了（并将继续产生）重大影响。

1978年，de Shazer回到密尔沃基。最初，他和Berg一起在一家家庭治疗机构工作。他们开始用单面镜做实验；由于其他工作人员抱怨这种方式侵犯了来访者的隐私权，de Shazer离开了该机构，开始了私人执业。

在BFTC有一个传统，就是在de Shazer和Berg的家里举行披萨派对。Joel回忆起Berg是如何开始在家里接待来访者的。来访者和治疗师在客厅见面，同时有人站在通往二楼的楼梯上，拿着一台摄像机，摄像机连接着楼上卧室里的一台磁带机和电视/监视器。

Simon和Berg在《青少年焦点解决短程治疗》（*Solution-Focused Brief Therapy with Adolescents*）一书中描述了最初BFTC的成立：de Shazer于1978年回到密尔沃基。他和Berg将有限的经费投入到一个培训中心，并将其命名为“短程家庭治疗中心”。Joel回忆起Berg的说法：在财务上“要么成功，要么破产”。

例外情况

正如前面提到的，他们的初衷是开发一个以MRI问题解决模型为基础的治疗和培训中心。然而，当他们仔细聆听来访者描述问题时，他们开始听到来访者在详细描述问题中的例外情况，即问题不存在或不那么严重的情况。随后，他们开始有意地询问来访者有关例外情况的问题。“这一转变将治疗从问题解决取向转向了解决之道的发展方向”（Simon & Berg，1999，p.117）。

1982年，de Shazer、Berg及其同事开始称他们在BFTC发展出来的模型为“焦点解决短程治疗”；特别强调了对“短程”的描述。20世纪90年代早期，医疗管理在美国普遍展开。当时，有人推测SFBT是因为医疗管理而发展起来的。实际上，许多医疗管理组织开始要求从业者至少声称他们在实践SFBT。当然，很多人都把自己的治疗叫作“短程焦点解决治疗”。

其实，20世纪70年代，SFBT就开始发展了，并在医疗管理出现的前10年就被称为SFBT了。然而，de Shazer坚决要求将“短程”这个词放在“焦点解决”之后，因为他们的意图是开发一种有效的治疗方法。短程是因为聚焦于解决。

Lance回忆说，de Shazer承认，事实上在BTC还有其他“短程”治疗，但这种治疗不是焦点解决式的。“他告诉我，他想要澄清的是，形容词‘短程’修饰的是‘治疗’这个词，而不是‘焦点解决治疗’。”否则，这可能意味着存在焦点解决治疗，但不是“短程”的。作为形容词的“焦点解决”修饰的是“短程治疗”，而不是反过来。

假设

在焦点解决社群的内部，一直存在有关该模型是否有理论（Theory）的争论。请注意，我们在这里采用de Shazer的做法，“Theory”一词的首字母是大写的，这意味着元理论。所谓的理论是指一系列基本的信念，这些信念是保证对某个特定模型的遵循所必须的。例如，如果不了解精神分析模型的理论，就无法实践精神分析。我们无意参与SFBT是否有理论的争论。焦点解决取向的实务工作者普遍认为，在实践中，大约有11条假设指导我们工作：

1. 可以在不关注问题细节的情况下建构解决之道。
2. 改变是不可避免的。

3. 小的改变会导致大的改变。

4. 对一个领域的控制会引起对其他领域的控制。

5. 人们拥有必要的资源。

6. 人们是自己生活的专家。

7. 我们都是社会系统的一部分。

8. 每个问题至少有一个例外。

9. 来访者的每一个反应都有可能是有用的。

10. 人们会践行他们自己创造的解决方案。

11. 每个人都尽己所能。

可以在不关注问题细节的情况下建构解决之道

许多治疗实践理论和模型都假设，为了促使来访者寻求治疗的问题解决，临床医生需要更多地了解问题。这种思维方式就像是拼图。拼图块越多，拼接的图像就越清晰。应用于问题解决，图像越清晰，找到问题解决方案的机会就越大。

我们认为，问题解决和建构解决之道是两个独立的过程，彼此联系甚微。关于人们希望自己的生活如何变得不同和更令人满意的会谈，与关于问题的会谈共同建构了不同的现实。关于例外的会谈强调已经发生的、可能正在发生，并可能在未来继续发生的解决方案。基于这些例外情况，及其对来访者和来访者生活中他人的影响，得以共同建构各种可能性。我们经常听到来访者在结束建构解决之道的会谈时，谈论他们对未来重新点燃希望和可能性。

改变是不可避免的

古希腊哲学家Heraclitus写道：“没有人能两次踏进同一条河流；河流依旧，但河水已不同。现实在不断变化，是不稳定的。”Heraclitus谈到了变化的必然性。我们的经验是，大多数来访者同意这一点，但他们谈论问题时，却认为问题是恒定和不可变的。一旦他们感知到现状受到挑战并被解构，就可以选择变化的可能性和希望替代他们所面对的问题。在这里，我们再次看到例外的重要性，它将SFBT模型从问题解决转向建构解决之道；例外是问题中不可避免的差异和变化。

小的改变会导致大的改变

我们经常使用一个雪球滚下山的比喻。一旦你给雪球一个初始的推力，它就会开始积累动能，变得越来越大，并最后获得自己的动能。变化也是如此：一旦启动，它就会趋于增长并获得动能。无论谈话带来的可能性多么小，都会带来更多的可能性：改变会带来改变。

对这个假设有三个推论：第一，我们常说，无论问题多么复杂，复杂的问题不一定需要复杂的解决方案，只要从某个地方开始就行。第二，解决方案不一定要与问题相关。解决方案和问题是分开的，不一定有逻辑或因果关系。

下面的会谈可以表明前两个推论的观点。Joel是和John一起工作的治疗师：

Joel：你说过要去你想去的地方。

John：是的（点点头）。

Joel：那个地方是哪里？

John：嗯，这11个月来，我觉得……真的让我感到非常沮丧。因为我感到……嗨，一言难尽啊，抱歉，我有点……

Joel：（打断）慢慢说。

John：去年夏天我爸爸去世了。我就觉得我始终都没有从哀伤中走出来，我给了我自己很大的压力。结果现在影响到了我的工作业绩。对我来说，这几乎变成了一场危机。通常我在工作中表现得很好。在我工作的第一家公司，我创造了我们公司的销售记录。不管发生了什么，通常我是一个业绩稳定的员工，在工作中非常投入并能取得成功。只是我一直没能正确处理这件悲伤的事。我感到现在影响到了我的其他方面。我感到非常沮丧。我知道这样下去会使事情变得更糟糕。这个问题不解决，让我感到很沮丧，我在怀疑我自己，我还是那个可以被依靠的人吗？

Joel： 你会做些什么？或想些什么？有什么样的感觉会告诉你事情已经开始好转了？

John： 如果我早上能振奋起来……

乍看起来，这似乎违反直觉——在悲伤的问题和早上能够让自己振奋起来之间有什么联系？聚焦问题的实践者会认为，哀伤是需要在治疗最初就被处理的。焦点解决取向的治疗师的实践在本质上的不同是，治疗师和来访者共同为"在早上振奋起来"建构一种意义，而不需要进一步共同建构、解构或解决"悲伤"的问题。

Joel的问题，"你会做些什么？或想些什么？有什么样的感觉会告诉你事情已经开始好转了？"从提出与来访者不同的语言开始与John共同建构新的可能性。在下一章，我们会继续呈现焦点解决式会谈以多种方式发挥不同的作用。在接下来的会谈中，John很有可能提到一些他在早上感到更"振奋"的例外情况，或者一些其他相关的变化。

焦点解决式会谈首先是结构化的。然后努力增加那些更令人满意的、朝向成功的例外出现的频率。John最后的表述开始了一场关于改变的会谈，并允许治疗师和他一起创建"在早上振奋起来"或其他相关改变的可能性。

第三个推论是改变可以在很多不同方向发生。来访者的大部分生活不是发生在治疗室内，治疗会谈只是帮助来访者在想法、感受和行动上有所不同的一个可能途径。在治疗室外，来访者会和其他很多人交流，这同样会对来访者的生活带来正面和负面的影响。如果治疗师仅关注传统的在办公室里的50分钟的工作，他们将错过来访者在生活中与他人共同建构变化的无数可能性。

对一个领域的控制会引起对其他领域的控制

大多数人在联系治疗师之前，已经尝试用许多策略解决问题。他们之所以寻求治疗师的帮助，表明这些策略未能达到他们的期望。因此，他们常常会觉得自己处在无望和失控的状态下。

焦点解决式会谈不一定直接针对来访者觉察到的问题工作，而是与来访者共同建构未来的可能性。当来访者离开治疗时，他们开始相信改变是可能的，并且对从何处开始做起有了一些想法。他们认为能够控制自己的情况。

前面的会谈就是很好的例子。John列出了他所面临的一些问题，甚至说："我在怀疑我自己，我还是那个可以被依靠的人吗？"大约两周后的下一次会谈说明了，焦点解决式会谈是如何让来访者控制局面的。

Joel：有什么变得好些了吗？

John：是的，嗯，总的来说，我的心境，我的能量，我的想法，我的……我觉得我更有自信了，尤其是我知道如何面对我所经历的事情。我一直在享受生活。这是经受过考验的。实际上，我离开这里的那天，我被解雇了。

Joel：我的天啊！我的天啊！

John：显然，这对我来说，绝对是有很大的压力的。但是我一直能够很好地处理这件事。我的意思是，尽管如此，我还是感觉比上次来这里的时候好多了。虽然我现在的处境有点艰难，但我觉得我现在的状态不错。

最后一次治疗的6个月后，Joel收到John发来的电邮：

我去见你的时候，我整个人的状态以及我的职业状态都非常糟糕。我一直在处理未解决的悲伤，这影响了我的生活和行为。经过几次短暂的治疗，我开始回到相信自己的轨道上。从第一次治疗到现在已经有6个月了——现在我有一份好工作，我又重拾了我的爱好，我刚刚完成了我第一个学期的学位课程，朝着更好的职业迈进。

人们拥有必要的资源

Joel回忆起他的一个焦点解决取向同事的案例。她正在和一位认为自己没有任何社会支持的女性一起工作。她们一起讨论了拥有朋友会如何对她的生活产生积极影响。几周后，这位来访者回来讲述了一个故事。她住在一栋公寓楼里。一天，当她工作后回家，在电梯里遇到了一位邻居。过去，他们常常在电梯里相互问候。这次，他们在电梯里有了短短的寒暄。来访者决定邀请邻居喝杯咖啡。这次邂逅开启了一段友谊，更重要的是，建立了一个相互支持的系统。虽然我们不能确定，但我们至少可以推测，以焦点解决式方式进行的会谈有助于来访者更加了解自己的生活环境、她的希望、本自具足的资源，这些都被带入来访者的意识中。

人们是自己生活的专家

来访者对自己及自己的生活情况最了解，比治疗师更知道什么是有帮助的、什么是最重要的。因此焦点解决取向的实务工作者采取"not-knowing"（不知道）的立场。Anderson和Goolishian（1992，pp.28-29）解释道：

> "not-knowing"要求我们在治疗中，不受过去经验、理论形成的真理和知识的制约，对来访者进行理解、解释和诠释……"not-knowing"的立场意味着治疗师的行动要传达出真诚的好奇心。即治疗师的行为和态度传达出的是希望更多地了解来访者所说的话，而不是给人一种先入为主的，对来访者、问题或必须改变什么的观点和期望。因此，治疗师始终将自己置于被来访者"告知"的状态。

Insoo Kim Berg曾经说过，来访者是他们自己的专家，治疗师是问出有用问题的专家。社会学者Gale Miller通过很多年的实践研究了焦点解决式会谈，他的领悟是，为了成为一个有效的焦点解决取向治疗师，他必须"欣赏普通人在他们的平凡生活中所做的不平凡行为"（Blundo & Simon，2016，p.18）。治疗师可以通过允许来访者成为自己的专家来做到这一点。

我们都是社会系统的一部分

人类生活在家庭、工作单位，以及各种不同的社会环境里。这些环境组成了系统。我们可以把人类社会系统看作一个由不同个体组成的相互关联的群体，某个部分的变化会导致系统其他部分发生变化。Waltzlawick、Beavin和Jackson（1967，p.123）指出："系统的每个部分与其他部分的关系如此紧密，以至于某一个部分的变化会导致所有其他部分乃至整个系统的变化。"

当个体、夫妻或家庭来见治疗师时，治疗师就进入到他们的系统并在那个时刻成为他们系统的一部分。通过治疗师的行动，他们可以帮助家庭共同建构一种更满意的生活方式，抑或无意中强化家庭不太有用的行为模式。

长期以来，家庭治疗的一个普遍原则是，为了治疗家庭，治疗师必须要求所有家庭成员都在场。因为有一个家庭成员做出不同的事情，就会影响家庭的其他成员产生变化，这就是为什么焦点解决取向的治疗师可以只针对系统中的一个成员工作。de Shazer（1985，p.108）指出：

> 需要全家一起参与治疗的想法源于一些治疗师的观点——他们认为家庭是患者。因此如果只看一些家庭成员是无法达到治疗效果的。然而，Szapocznic等人（1986）表明，这一观点背后的假设是值得怀疑的。

许多焦点解决取向的实务工作者认为，所有的治疗都涉及关系，一个人的变化会不可避免地影响到他们社会环境中的其他人。

每个问题至少有一个例外

当Joel刚开始在当地医院担任社会工作部主任时，他受邀例行对员工做年度培训。作为演讲的一部分，他谈到了这一假设。一个治疗师问："如果来访者询问的问题关于死亡怎么办？"Joel的回答是，死亡不是问题，而是生活的事实。他继续解释说，患有绝症的人可以思考希望如何度过余生，或者希望赋予自己的生活以什么意义，或者他们可能希望解决与他人之间的问题。即使是绝症，仍然存在可能性。

de Shazer和Dolan（2007，p.4）对例外的界定是：

> 例外被认为是问题可能发生但没有发生的时刻。以前的解决方案和例外之间的差异虽然很小，但在意义上有很大不同。以前的解决方案是来访者自己找到的有效方法，但由于某种原因他们没有继续采用这个成功的解决方案，或者可能已经忘记了。例外是在来访者没有做出干预或甚至在没有理解的情况下发生的事情。

问题是被它们的例外定义的。当一个来访者呈现出一种问题故事，焦点解决取向的治疗师可以假设，在问题中至少有一个例外。事实上，SFBT的实践就是有关例外的：过去的例外，现在的例外，未来的例外。我们提出的问句不仅只是将这些例外凸显出来，也使我们能够围绕这些例外共同建构有用的意义——与来访者合作，如果例外持续发生，并更多地发生，可能会让事情有所不同。

最初，来访者常常会把例外看作随机发生、没有多大意义的事情。焦点解决取向的治疗师的任务就是和来访者共同建构，使例外在改变和可能性方面具有有用的意义。此外，对例外的识别有助于解构“问题固定不变”的观念。在第3章，我们会看到，焦点解决式工具在强调和共同建构例外方面所起到的作用。

来访者的每一个反应都有可能是有用的

治疗师通过仔细倾听、接纳并利用他们的世界观（最重要的），与来访者建立合作关系（collaborative relationship）。de Shazer使用“全然接纳”（radical acceptance）一词（Durrant，2004），表示我们毫无质疑地接受来访者的观点。“接纳”这一观点帮助我们和来访者共同建构有用的内容。

前面提到的视频《穿越天花板》（de Shazer，1985a）就是全然接纳的一个好例子。de Shazer能够通过接纳这位女士的现实来建立一个合作的会谈。结果，这位女士能够超越问题本身的想法，使她得到了良好的夜间睡眠。

这本书的主题，微观分析机会点，是一种倾听和回应来访者的工具。随着我们扩展关于识别和扩大机会点的讨论，这种对来访者做出有效回应的概念将变得更加明显。

人们会践行他们自己创造的解决方案

最近，一名攻读心理咨询专业硕士学位的学生向Joel请教。他认为在咨询中给来访者提供建议应该没有问题。Joel解释说，如果改变是来访者自己的主意，他们更有可能做出不同的事情。如果治疗师从来访者那里引出改变策略，然后建议来访者尝试这些策略，这虽然使治疗师的工作变得更加简单，但是给予建议的姿态会有相互矛盾的两个假设：第一，治疗师的建议可能会使来访者产生混乱，不知道是依靠自己的经验还是别人的经验寻找改变的种子。第二，来访者是自己生活的专家。当治疗师给来访者建议时，他们是从专家的角度说话，他们的建议总是基于治疗师的背景给出的，而不是来访者所需要的。

每个人都尽己所能

我们所拥有的资源和知识都是有限的。我们是根据我们当时所知的来做出最佳决定。Simon（2010，p.67）认为接受这些限制的重要性在于：

> 当我们承认并且相信来访者正在尽其所能做到最好，然后帮助他或她做有效的事情（或为无效事情寻找替代方案）时，我们就帮助来访者向更好地管理自己的生活迈出了有意义的第一步。

目标

正如本章前面提到的，来访者追求更满意的生活的目标达成之时，就是不再需要治疗之时。明确的目标有8个特征：

1. 目标对来访者很重要。
2. 目标在来访者的生活中是可能实现的（即它是现实且可实现的）。
3. 目标是和现在有所不同的（而不是缺失的）。
4. 目标涉及第二序改变。
5. 目标就是一个足够好的开始。
6. 目标是具体且可评量的。
7. 目标对来访者及其生活中的其他人（包括治疗师）有意义。
8. 来访者认为实现目标需要努力工作。

目标对来访者很重要，且目标和现在有所不同

Harry Korman是治疗师，以下会谈摘自现场焦点解决式会谈的视频。Cary刚刚带着她14个月大的女儿回到父母家，她正在办理离婚手续。

Harry： 我是Harry。今天下午、明天、后天，出现什么样的结果会让你觉得今天来做治疗是有用的？

Cary： 我不知道，也许是整理一下我所有的感觉。我不能确定那是什么。我不知道是什么在打扰着我。我正在办理离婚手续。我想可能这是主要原因吧。我最近睡不好。所以我想这也许能帮助我整理出我需要的东西，让我的生活恢复正常。

Harry： 一起帮你整理东西，让你的生活恢复正常。今天下午、明天你会有什么感觉、想法、行动？你做什么、想什么或感觉什么会告诉你，你的生活正在恢复正常？

Cary： 我只想放松。

讨论

一开始，来访者说她不确定自己想要做什么改变，并继续详细描述她所面临的问题：她不希望发生的事情。随着会谈的继续，治疗师重复她关于改变的问题，并加入关于“让生活恢复正常”的话，Cary能够简单地说“我只想放松”。

这就是改变的出现。治疗师现在可以帮助Cary共同建构“我只想放松”的有用的意义。围绕这个简单短语的会谈继续进行，它不仅共同创造了可能性和希望，还建构了对来访者来说重要的目标。

进一步说，从建构主义的角度看，通过提出“放松”这个词，我们开始与Cary共同创造她独特的放松体验。在第3章中，我们将展示如何将“放松”这种体验放到关注的焦点上来，并在来访者的日常体验中加强这种感觉。

从Cary的案例看，当来访者最初被问及他们希望变得不同和更好的事情时，他们通常会详细描述他们的问题。帮助来访者思考问题消失时会发生什么，开启从“不想要什么”到“想要什么”的转变，就是有意义的改变。

目标在来访者的生活中是现实且可实现的

仅仅让来访者表达目标是不够的，目标还需要在来访者的能力、社会和个人资源的背景下具有现实性和可行性。即在咨询的现场，需要邀请来访者明确说明他们相信目标可以实现的理由。焦点解决式问句（solution-focused question）就是以优雅的方式，将最初不现实的目标转向可选的、更具体的日常经验目标。

目标涉及第二序改变

Watzlawick等人（1974，p.10）对第一序和第二序改变做了区分。这是两种不同类型的改变：“一种是系统本身保持不变，在某个系统的内部发生改变；另一种是系统本身发生改变。”第一序改变是指来访者及其社会系统没有发生改变。例如，一对夫妻来找治疗师，因为他们想学习更好地沟通。他们抱怨常常因为各种问题争吵。虽然他们可能改变争吵的内容，甚至改变争吵的方式，但这并没有改变他们争吵的事实。

“第二序改变是改变的改变”（Watzlawick et al.，1974，p.11）。第二序改变对来访者及其社会系统产生影响。作者进一步描述道：

> 第一序改变通常是在人之常情的基础上出现的（比如“多多益善”）；第二序改变通常显得离奇、意外以及不合常理，也就是变化的过程中存在某个令人费解的因素。
>
> （Watzlawick et al.，1974，p.83）

Joel回忆起一位名叫James的来访者，他因为一个奇怪的担忧来到咨询室。他说，他在小学时，学到地球在自转。从那时起，每次他想到这件事（有时他忍不住会想到这件事），他就会想为什么我们不会从地球上掉下来，并且开始感到头晕，迷失方向。

James非常聪明，受过大学教育，有一份好工作。他知道这些想法是不合理的。即便如此，他发现自己因经常想这些问题而影响了他的生活。他曾寻求过其他治疗师的帮助。他们建议他用一些方法，例如，用呼吸练习和认知转移帮助他不去想这些问题，但这些方法都无济于事。

Joel建议，与其采取回避策略，不如尝试一些不同的方法。他建议James每天找一个让他感到安全的地方，用15分钟时间享受思考地球自转带来的感觉。Joel让James不要总想着回避这个问题（第一序改变），每天只能限制15分钟去想这件事情。Joel帮助James控制了自己的思维。这符合控制一个领域会使其他领域得到控制的假设。

两周后，James回来报告他试了这个建议，发现自己担心掉下地球的次数减少了。他说，他没有像过去那样感到头晕了，担心的想法也会转瞬即逝。

目标就是一个足够好的开始

John Weakland曾报告说，人们因为生活变得日复一日的糟糕前来寻求治疗。一旦治疗结束，生活又回到另一种糟糕的、一成不变的样子。生活就是从一个阶段向另一个阶段过渡和改变的。有迹象表明，当来访者认为他们拥有了保持在正轨上的工具，并且有信心独自保持进步时，治疗就可以结束了。

目标是具体且可评量的

目标的表达需要以让治疗师和来访者都明确知道目标正在实现的方式来陈述。一个好的法则是治疗计划的ABCD法则：

- 观众（audience，A）：除了来访者，还有谁会注意到你的改变？
- 行为（behavior，B）：来访者和其他人会做什么使事情有所不同？
- 上下文（context，C）：改变将在何时何地发生？
- 程度（degree，D）：怎样的行为（无论是时间还是行动）会足够证明改变实现了？

目标对来访者及其生活中的其他人（包括治疗师）有意义

这一要素是社会建构主义的核心。当我们制定目标作为改变的动机时，我们与来访者共同建构他们对更满意未来的愿景，并共同创造未来成为现实的可能性。我们只需邀请来访者详细描述目标，他们和其他人的生活因改变会有什么不同，我们只需邀请来访者和我们一起参与意义创造，这些可能性将成为现实。

例如，当来访者说他们的目标是让自己更快乐时，焦点解决取向的治疗师会问，谁会注意到这一点、别人会如何回应这种改变，以及来访者对此的反应会是什么。这样，来访者和治疗师都能想象到“更快乐”的意义。

Wittgenstein（1958，p.153）写道：“一个内在过程需要外在的指标来表达。”因此，询问来访者他人如何知道他们“更快乐”，要求他们将内在过程转变为行为。

来访者认为实现目标需要努力工作

这非常合乎逻辑。当治疗师向来访者暗示改变需要努力时，这会让来访者明确，他们是让自己的生活变得更好的最终责任人。因而，我们会珍视通过自己努力获得的成就。De Jong和Berg（2002，p.84）指出：“治疗师告知来访者，他们的问题需要通过他们的努力来解决，由此增强了来访者的尊严感和自尊感。”

在接下来的章节中，我们将探讨焦点解决式工具，它们帮助来访者将目标转化为切实可行的可能性方案。

总结

焦点解决短程治疗最早起源于MRI小组问题解决和解决之道的框架，受到了Milton Erickson和哲学家Ludwig Wittgenstein的影响。Steve de Shazer和Insoo Kim Berg以及他们在密尔沃基短程家庭治疗中心的同事们，创建了最初的焦点解决短程治疗模型。有趣的是，两位创始人都是从其他行业（音乐和医学）转向心理治疗的。他们的职业追求几乎是同时转向了心理治疗领域。他们发现他们共同追寻着这个有魅力的职业。他们各自都对治疗如何起作用感到好奇，后来发现这是他们共同的好奇，从而使该实践模式形成。这种模式主要依赖于治疗师对来访者的希望和能力好奇的态度。在接下来的四十多年中，他们一起工作，通过不断实验，证明这一模型对来访者和治疗师的工作都是有用的。

第2章

构建融合性叙事

在自组装家具和工具的说明手册封面，通常上有一个组装完成后的成品图片，并列出完成任务所需的工具，为完成各个步骤提供了总体指导。通常还有扩展视图，显示各个组件组装前的状态，同时提供一些提示，告知如何将组件组装在一起。说明书通常还有从开始到完成的一系列步骤建议。作者还发现，考虑到有人会把面板装反或把把手倒装，说明书通常会建议人们按照步骤操作。

有效地组装具有物理结构（如桌子）的东西，可以依赖于遵守设定的步骤和顺序。然而，组装一张木桌是一回事，与来访者合作组装人类有用的感知、计划、行动和互动完全是另一回事。在心理治疗过程中，建议按照固定步骤和顺序进行的方法并不适用。

个体和关系的独特性和复杂性，要求任何以指导干预为目的的模式都需要具有灵活性和敏感性。考虑到这一点，本章提供了对焦点解决式会谈目的的一种可能的解释。第3章将介绍会谈工具及可能有用的使用顺序。

融合性叙事

成功的焦点解决式会谈是一种**融合性叙事**（converging narratives）方式。

在治疗过程中，治疗师在很大程度上依赖于来访者的口头描述，了解其困扰、希望和活动以及他们生活的“现实”。我们可能会观察到问题或问题的解决，也可能不会。来访者通常带着他们的问题是“真实”的这一信念开始治疗。焦点解决取向的治疗师基于这样一个假设做出反应：尽管来访者坚信问题是不可改变的，但仍然会有例外情况发生，这些例外情况会为来访者打开通往不同感知和不同“现实”的大门。为了开启焦点解决式会谈，治疗师邀请来访者表达出他们的希望，开始创建他们认为有价值的不同的叙事。通过利用会谈工具（将在后面介绍），治疗师邀请来访者转向增强行动能力的方向，鼓励他们增加希望叙事，增加转向健康行为的可能性及其出现的概率。随着会谈的进行，治疗师邀请来访者更多地详细描述他们的希望，更多地描述日常生活中行为和事件的细节——我们称之为“差异细节”（details of difference）。治疗师选择、促进和构建朝向来访者希望方向的叙事行为。

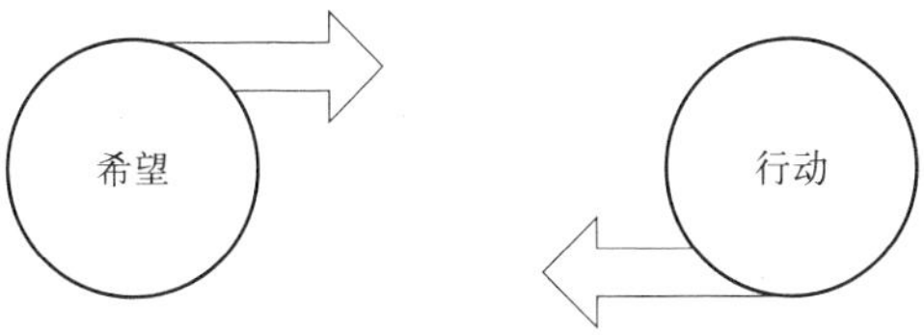

图2.1 融合性叙事

作为背景，Steve de Shazer（1991，p. 92）引用了Gergen和Gergen（1983，1986）的观点，他们比较了人们在描述被带到治疗中的生活经验时，使用的三种不同叙事方式：

1. **进步的**叙事（progressive narrative）：证明人们和情况在向他们的目标前进。
2. **固定不变的**叙事（stability narrative）：证明生活没有改变。
3. **退步的**叙事（regrssive narrative）：证明生活在远离他们的目标。

de Shazer（1991）更喜欢用“离题”（digressive）来替代Gergen和Gergen的“倒退”（regressive），因为这个词更强调远离目标的运动。受这一微妙改变的启发，本文作者更愿意用“发散”（divergent）替代“离题”，用“融合”替代“进步”。

倒退和离题的表达似乎都意味着单向的过程，也暗示目标在某种程度上是固定的。“倒退”似乎意味着行动正在倒退或远离目标，而不是朝着目标前进。“离题”似乎意味着，行动正在朝着远离来访者更期望的目标的方向发展。用“发散”和“融合”来表达的转变是微妙而重要的

SFBT认为，治疗通过改变**对问题的看法或处理问题的方式**来达到效果。以此明确而独特的方式理解改变；de Shazer（1991，p.96）指出：

（治疗师）邀请来访者用“积极”的东西代替“消极”的东西，来改变他们的思想、感情、态度、观念和/或行为。

一些传统的咨询方法倾向于认为，要想达到未来的目标或更好的做事方式，来访者需要采取若干步骤来实现这一目标。

SFBT不同于这种单方面的方法。我们在与来访者合作使他们的行为朝着他们希望的方向发展的同时，还共同努力将他们的希望转化为行动的语言。我们建议，治疗通过**同时**改变对希望的看法和行动来取得成功。更确切地说，我们认为治疗的成功是要**同时改变他们的看法和为希望而采取的行动**。

例如，询问带着模糊的、想要“更快乐”目标的来访者：他们想象自己在更快乐时会更多地做什么？其他人会注意到他们更快乐吗？这有助于来访者以更具体而可观察的事件和行为来陈述目标。

其他焦点解决式工具有助于来访者更加欣赏他们已经有效地做到的事情。我们可以认为这是在来访者当前的行为和能力中发现希望的小迹象。这至少与规划新行为同样重要。通常我们是通过与来访者已有才能略有不同的方式，或在确定最初希望的一小步的基础上启动期望的改变。来访者的感知和行为相互作用，实际上推动了一种双向动态的改变过程。

来访者进入治疗最初可能以**发散叙事**的形式来描述他们的体验，他们的行为远离他们的目标，或者他们的目标逐渐偏离当前的现实。例如，Lance因肥胖问题而苦恼。

他知道自己的饮食习惯是引发问题的一个因素，但仍经常暴食不健康的食品，尤其是当自己未能取得明显进展，处于绝望中时。在他面对体重增加，又想到自己年轻时的身材和运动能力时，悲伤使他远离想要实现的目标。

最初，来访者可能会认为他们的问题是持续存在的，不管他们做了什么尝试，效果都不大。这是典型的**固定不变**的叙事方式。例如，一对父母正在分居，他们希望在这种情况下解决共同抚养孩子的问题，但他们发现他们因不断相互责备和争执而导致分离。

在成功的焦点解决式互动中，来访者逐渐以**融合性叙事**的形式描述他们的体验。他们的希望和行动叙述逐渐让他们的关系接近，最终趋于不再需要治疗，这就是SFBT所谓的改变。

当然，生活经验告诉我们，希望和行动很少是完全一致的。更现实的是，如果我们的希望和我们在思想、感觉、行为和互动中的行动能够有显著的重叠，这是很幸运的。在治疗过程中，特别是在早期，我们更关注**朝着期望的方向移动**，而不是融合的程度。

需要注意的是，**融合性叙事**是SFBT的主要关注点，甚至可以说是唯一的关注点。随着SFBT的发展，一个重要发现是，问题的解决几乎不需要关注问题的细节，而是治疗师和来访者共同建构和实施的。因此，他们对问题的发散性或固定不变的叙事不再感兴趣。焦点解决取向的实务工作者会进一步认为，人类经验总是在不断改变，从来不是静止不变的，因此，最好把**固定不变的叙事**视为一种幻觉。

说到改变，在焦点解决式会谈中，一种常见的情况是，来访者会开始意识到，在他们认为“卡住”的情况下，实际上正在做出小小的改变。这些小的改变，一旦被发现、不断放大，并被带到更欣赏未来的思考中，既可以激发希望，也可以成为构建进一步变化的平台。这些**例外**通常在焦点解决式会谈中成为关注的焦点。

例外是问题本可以发生但没有发生的时刻（de Shazer，1991）。焦点解决取向的实务工作者会问：“问题没有发生时，发生了什么？”来访者通常会描述更符合他们希望的事情。问题的例外意味着来访者在叙事的方式上发生了从发散性转向融合性的改变，哪怕是一点点或者短暂的变化，也会使所感知的事情更接近来访者的希望。

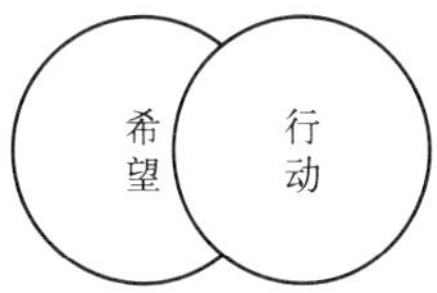

图2.2 融合很少能够完成

我们需要进行一些详细的解释，以弥合融合性叙事的图式与SFBT实际操作之间的差距。关于“希望”的叙事，我们建议最好把来访者看作其生活的各种社会系统的一部分。在**改变方面**需要考虑许多**群体**，比如：家庭、来访者的父母或配偶、医生、警察、法庭、缓刑官、学校、儿童福利个案工作者（case worker）等等。

“希望”也可能来自第三方机构，例如精神病院急诊、受害者服务机构或学校。最初抱有希望的第三方来访者是那些与来访者互动并对他产生影响的人。因此，我们在某种程度上，要综合考虑不同群体对改变的希望，不只是现场的来访者，还包括来访者的社会背景中的其他人。

通常情况下，随着焦点解决式会谈的进行，来访者和他人希望之间的区别会变得模糊，随着来访者最终对自己的希望逐渐明确，他有了明显的掌控感——来访者会对“通过治疗获得哪些不同和更好的结果”的希望承担更个人化的责任。例如，Joel的一位来访者被送往精神病院住院治疗：

Joel：你希望住院治疗能带来什么改善？

来访者：我不知道。那不是我的主意。

Joel：好吧，那是谁的主意？

来访者：我妈妈。她说我失控了。

Joel：那么，她需要看到什么才能知道你已经控制住自己，并认为你可以回家了？

来访者：我不知道。（停顿片刻，Joel等待）我想她会从工作人员那里听到什么。

Joel：当然。你认为工作人员会说什么让她觉得你可以回家了？

来访者：我想他们会说我能更好地控制自己了。

Joel：嗯，他们怎么知道的？

来访者：我会遵守规则，参加小组和项目。

Joel：当你回家后，会发生什么让她和你自己都觉得情况有所改善，再也不需要回到这样的地方？

来访者：我可能会更听她的话，帮忙做家务。我想我还会开始考虑未来。

Joel：比如什么？

来访者：我想我会报名上大学，决定我想做什么。

（Simon & Nelson，2007，pp.97-98）

来访者有可能会面临一些持续难题，如慢性疼痛、绝症、童年创伤、精神分裂症，以及其他不可能自行解除的情况。他们当然希望这些不幸的情况完全消失。但对焦点解决式治疗来说，这不是有用的希望建构。我们可以提出更有用的问题：**在必须面对的困难情况下**，来访者希望多做什么？——我们如何与来访者共同建构一个实际可行的和可能成真的希望？

“行动”既指来访者过去已经完成的行为，也指在未来可能想象的行为。SFBT在建构解决之道时，巧妙地故意模糊了过去、现在和未来之间的界限。在SFBT中，行动的程度也得到了独特的处理。即使来访者做出非常微小的偏离问题的行为，在会谈中也可以成为重要关注焦点。当来访者能够看到问题中导致例外的小行为时，他们就识别出，部分解决方案已经出现了。

在一次治疗会谈中，来访者想要表达的内容可能通过“叙事”部分地表达出来，可能还有一部分在头脑中未被说出。这些未被说出来的内容需要在治疗会谈中通过思考和表达逐渐形成和丰富。在反复述说中，故事细节在不断变化，就像人传人的传话游戏，故事沿着一条线从一个人传到另一个人。

但是，在治疗中，来访者的叙述会逐渐变得更加丰富、相互关联、有意义和健康，而不像在游戏中变得越来越荒谬。一个人在面对挑战的时候是如何表达自己的？他如何用语言表达他的体验？SFBT主要的工作是在言语表达上，促进来访者将体验到的内容向有益的方向转变。

将希望“移动”到行动中，反之亦然，既指在治疗会谈中的情境，也指治疗之外的日常生活中的情境。在治疗中，询问来访者实现希望的实际或可行事件的细节，将叙述向融合方向转变。在治疗之外，采取与希望更一致的行动，并将希望转向更可行的行动，促进知行合一。

在这一点上，需要提醒我们自己焦点解决式会谈的本质是**共同建构有用的差异**。我们认为，不存在“真实目标”等待专业人士的发现和命名，而是通过语言的交流，从无开始，和来访者一起构建目标并将其转化为可能性。

因为我们知道我们正在发展这些想法，我们暂时接受这些想法，允许意义在整个会谈中以及在咨询室外的来访者的生活中发生改变。来访者在治疗室外经历的改变是最重要的。

共同建构是什么意思？

de Jong等人（2013）总结了Bavelas等人（2000，p.18）的观点：

Bavelas、McGee、Phillips和Routledge（2000）提出，广义的治疗会谈可以分为两种范式。一种常见的观点或多或少明确地假定，会谈只是把知识、思想和情感从一个人的头脑传输到另一个人的头脑的过程。相反，另一种较新的观点是，会谈是一个共同建构的过程，来访者和治疗师以各自不同的方式共同贡献，逐渐了解来访者的成长史、生活情境、问题以及发展出解决方案的新版本。

来访者认为自己的问题在思想、情感、行为和关系方面是不变且无法解决的，从而寻求治疗师的帮助。他们大多曾经尝试过思考和讨论这些问题，但未能找到解决问题的方法。他们希望治疗师可以帮助他们走出问题迷宫。

心理治疗的悠久历史似乎表明，个人重要的改变需要以某种间接的方式进行。否则，我们只需询问来访者问题是什么，告诉他们该怎么做，然后说再见即可。著名喜剧演员Bob Newhart（2023）将这种不可能的情景滑稽地表现出来。在小品中，他听来访者详细描述她的种种问题，然后在某个时刻大喊："停止！"显然，任何在心理咨询或治疗中花过几周时间的人都会明白，这种方法效果并不理想。

SFBT所做的不同的事情是，通过会谈共同建构差异带来改变。本书的主题是如何通过微观分析来访者和治疗师之间的每一时刻互动的语段，在相互交流中找到共同建构差异的机会。de Jong等人（2013）表达了如何应用微观分析将共同建构的过程可视化。他们确定了共同建构的四个关键方面：

本文的主要论点是，通过对治疗过程录像的微观分析，可以观察到心理治疗师在治疗过程中如何为共同建构做出贡献的细节。因此，有一项关于面对面对话的微观分析基础研究，直接应用于理解治疗性对话中的共同建构的过程。我们通过对最近不断涌现的心理治疗微观分析实证研究的概述来论证这些建议。一个治疗过程的详细例子说明了共同建构的四个关键方面：治疗师和来访者之间所达成的合约、治疗师所提出的问题、治疗师的构想以及治疗师的词汇选择（lexical choice）。

（De Jong et al.，2013，p.17）

一种观点是，我们的会谈服务于构建一个**未来的愿景**。在这个愿景中，来访者的困扰不那么受到关注，而他想要的体验成为主要被关注的内容。由此，SFBT实践所依据的假设是，当来访者能够形成一个令他信服的愿景，即他们想要的不同时，他们会利用自己的资源朝着那个方向前进。这个假设得到了多年经验的验证。

我们还可以以构建融合性叙事的方式来谈论这一点。在治疗过程中，治疗师依据来访者对其困扰、希望和活动的口头陈述，来了解他们生活的“现实”。来访者来参加治疗通常会相信他们的问题是“真实的”。在治疗会话中，我们可能会或可能不会实际观察到问题或解决方案。焦点解决取向的治疗师基于这样的假设做出反应：尽管来访者坚信问题是不可改变的，但**问题总会有例外**，因而为来访者对所面临的问题形成不同的看法和新的“现实”打开了大门。通过选择性倾听、提问和肯定来访者关于他们希望和行动的叙述，我们与他们共同创造条件，使他们做更多自己所希望的事情。我们邀请来访者以不同的方式思考和谈论他们对更令人满意的未来的愿景及其日常行动，来促进这些问题的解决。我们为使来访者在谈论希望时发生转变创造会谈条件，我们会邀请来访者转变他们对行动、思想和感受的描述，选择那些面向他们希望的描述，从而使改变更有可能发生，De Jong等（2013，p.18）指出：

在二十世纪五六十年代，一场新兴的后现代运动开始认真质疑通过实证科学和理性哲学理解关于现实的基本真理的可能性。后现代的哲学理念认为，什么是真实的和现实的要根据特定的情境和语言来确定，即通过社会互动协商而达成（Berger & Luckman，1966; Garfinkel，1967; Lyotard，1984; Wittgenstein，1958）。这些思想影响了许多领域，包括心理治疗。对心理治疗的理解，有两个后现代学术流派做出了贡献。其中之一来自语言哲学的发展，通常可以追溯到Wittgenstein（1958）的工作，他认为正确理解语言的功能是理解个体和更大社会群体所持有的意义如何发展和改变的关键。

词语不仅因为像一张高质量的照片那样准确地描绘了客观现实而获得意义。词语的意义更来自参与者在不同社会背景下学习和使用它们的方式。一旦这些意义被创造并共享，参与者会体验到他们的词语是有意义的、真实的和正确的。正如Wittgenstein所说，这些意义会继续被协商和灵活使用。另一个对后现代心理治疗做出贡献的学术流派是社会建构主义，它是后现代主义的理论产物。这一理论横跨社会学和心理学，认为个体在使用语言时，是在一个持续的协商意义的过程中，这些意义有关在他们生活和环境中什么是真实的、重要的。个体和机构的意义是在这些社会互动中被建构的。

出于实践目的，我们建议在SFBT中，治疗师问来访者"你的希望是什么？"或"你希望通过我们一起工作会有什么不同或更好的结果？"这类问题，共同建构差异的起点。治疗师通过提出问题来达成共同建构时刻。来访者的回答使问题最终转向解决方案和想要的未来。通过在整个会谈中治疗师和来访者轮流说话，逐步建构解决之道，完成合作过程。焦点解决取向的治疗师对来访者成功的表现给予肯定。来访者通常也会认可这种肯定，并经常提供更多的细节，为共同建构过程做出贡献。通过这些方式，治疗师和来访者共同建构可操作的、充满希望的行动叙事，形成解决方案。最终，这种共同建构会让来访者做一些对他们的生活有影响的事情。共同建构的会谈包括谈话和行动。这就是治疗通过语言达到治愈作用；一个人无法将语言和行动分离。共同建构的对话融合了谈话与行动。

我们已经指出，大多数来访者到治疗室时，希望把问题细节谈出来。焦点解决式会谈将会谈从问题转向对改变的希望。通过语言的交流，我们首先把语言定位在最能抓住来访者目前和在不久的将来最希望出现的内容上。Taylor提出了五种常见的语言转换，可以使会谈从困扰转向健康福祉，从发散式转向融合性叙事（Taylor，2005，p.28）。

1. 我不想要的——→我想要的
2. 当事情出错时——→当事情顺利时
3. 超出我控制的——→在我控制范围内的
4. 我被困住了——→我在进展中
5. 更多麻烦即将来临——→积极的可能性

这些语言中的转变，与焦点解决式会谈中常见的询问方式相呼应，如第3章所述。从困扰和抱怨的语言转变为更具创造性的解决之道的语言。

与其将治疗视为从头开始构建“新”的叙事任务，不如认为我们正在利用来访者的现有能力，以各种潜在的、更健康的方式来理解他们的生活状况，这可能更符合焦点解决式思维。当我们听来访者讲述是什么让他们来治疗时，我们经常会在他们的叙述中发现更趋向健康的元素，我们称之为问题的例外。我们也会提出一些问题，邀请他们朝那个方向转变，然后在他们回答的基础上继续构建，将融合性叙述带到当下的工作中。

在考虑焦点解决治疗中的会谈与治疗室外更令人满意的体验之间的联系时，有一对有用而又有针对性的问句：

1. 通过治疗，有多大可能性能够将来访者的融合性叙事成功地带到当下？然后呢？
2. 来访者在日常生活中在多大程度上可以超越治疗，使他们的感知和行动更趋于融合性叙事？

什么是焦点解决短程治疗？

我们之前提到过Harry Korman和Insoo Kim Berg之间的会谈。Berg说：“我不知道它（SFBT）是什么，但当我看到它时我能认出它。”这一观点似乎表明，很难确切地说出SFBT是什么或不是什么，但在实际操作中观察到它的做法就可以知道它是什么了[1]。这种难以明确表达其中具有或不具有的元素的思维方式与SFBT早期的发展主题也是一致的。

Steve de Shazer尤其反对在实践中把工作模型变得程式化。他希望实践者能扎实掌握模型的哲学基础，然后根据来访者当时所说的内容，精心设计他们的治疗干预方案。由于来访者的多样性和独特性，就可能会有无限的语言选择。他还强烈坚持认为，这个模型应被视为不断发展的，并反对任何可能限制未来改变的概念化。

那些有幸从de Shazer和Berg那里学到这个模型的人，以及后来的实践者，都深刻认识到，焦点解决式会谈的精髓并不只是知道几个具体问句那样简单。比任何单个问句更重要的是焦点解决取向的治疗师所采取的态度或姿态。

此外，焦点解决取向的治疗师**不做的**事情与他们所做的每一件事同样重要。例如，会谈从不试图弄清问题的历史或原因。我们专注于通过治疗工作共同建构解决之道。

焦点解决取向的治疗师只关注来访者希望方向上的差异，同时确信来访者拥有实现他们所希望改变的必要和充分资源、成功经验和创造力。一个有效的焦点解决式会谈能够发现并放大这些资源，以实现来访者的体验发生**足够好**的转变。

在SFBT的发展过程中，我们逐渐能够说出它是什么。如果我们仔细观察并精确描述，当我们**知道自己看到了它**时，我们应该能够应用我们自己的一个常见询问方式：你怎么知道的？我们应该承认，仅仅问一个众所周知的SFBT问句，并不能证明是在做焦点解决式实践。

因此我们将在第3章中简要回顾SFBT中常用的标志性和通用问句。当我们这样做时，我们邀请读者在以下考虑和动力背景下审视焦点解决式问句。这

[1] Joel回忆起Harry Korman访问他所督导的诊所。Harry从单面镜后面观看了几分钟的会谈，然后转向其他团队成员说："是的，这就是焦点解决式的治疗方式。"

也将有助于确定会谈是否在焦点解决式位置上。

- 在会谈的选择点上，访谈者是选择探索问题的细节还是选择探索希望和能力的细节？
- 当访谈者听来访者讲话后回应时，他们是选择保持在困扰的范围内还是跳出这些参考框架？
- 访谈者是试图使用自己的专业语言还是使用来访者的语言？
- 访谈者是以生活、问题和健康方面的专家身份出现，还是试图引导来访者理解希望和可能性？
- 访谈者是提出补救措施的建议或执行旨在解决问题的程序，还是引导来访者发现他所拥有的能力和才能？
- 访谈者主要是提供信息和建议，还是倾向于创造条件让来访者自我建议？
- 访谈者对来访者是进行对抗和挑战，还是保持肯定和合作的姿态？

在大多数情况下，焦点解决式访谈者会选择第二个选项。

焦点解决短程治疗实践基础证据

有大量证据表明SFBT在很多领域广泛应用的有效性（Franklin et al.，2012）。这里不再赘述大量文献，仅就疗效研究做一些简要总结。最早阐述威斯康星州密尔沃基短程家庭治疗中心的临床实践（最终被广泛称为焦点解决短程治疗）的文献之一，是de Shazer等人（1986）的研究成果。这个小组在最初的几年就开始收集短程治疗的实践证据——例如“1978年至1983年，在1600个案例中，对每个来访者的平均会话次数从6次，下降到1984年的500个案例的不到5次”（de Shazer et al.，1986，p.207）。

20世纪90年代中期，关于SFBT有效性的正式研究涌现出来。从那时到2022年，EBTA汇编（EBTA网站评估列表）中列出了大约436篇已发表的论文，显然这些数据并不详尽。对这一系列文献的总结显示：

> 以英语和至少12种其他语言发表的文章中，目前有10项元分析、7项系统评价、325项相关结果研究（其中包括143项随机对照试验，证明SFBT具有显著效果，其中92项显示其优于现有治疗方法）。在100项比较研究中，71项支持SFBT。在超过9000个案例的有效性数据中，成功率超过60%，平均需要3 ~ 6.5次治疗。
>
> （Macdonald，2022）

第一项元分析研究发表于2006年（Stams et al.，2006），到2021年，又陆续发表了九项。这些元分析的研究团队分布在世界各地，从北美到欧洲和亚洲，反映了人们对SFBT广泛的兴趣和学术关注。这些元分析所针对的具体领域包括初级医疗、物质滥用、儿童和青少年行为问题、夫妻治疗、智力障碍人士、内化障碍、小组治疗、父母培训和小学校园环境中的SFBT应用。

美国SFBT协会发布的《SFBT治疗手册》（*SFBT Treatment Manual*）宣布：

> SFBT已被确认为一种基于循证的实践，并出现在物质滥用精神健康服务管理局的国家项目和实践注册表以及青少年司法和犯罪预防办公室的预防项目模型指南上。
>
> （Solution Focused Brief Therapy Association，2013）

第3章

焦点解决短程治疗的工具和地图

焦点解决式会谈的要素

焦点解决式会谈的主持人会以一系列独特的倾听、提问和肯定化技术迎接来访者和他们想要咨询的问题，从而不断促进其希望和行动趋于一致。

倾听

首先，焦点解决式访谈者要倾听来访者的希望和能力，或在这个方向上显现出差异的迹象。这种有意识的倾听可以通过多种方式将治疗性互动（therapeutic interaction）的重点放在解决之道和健康福祉上。

一个美妙的例子就是既可听到问题所在，又能听见希望所在：

母亲： 要知道那种感觉真的很让人沮丧。孩子过来问我能不能做某件事，我说“不行”，然后他们就跑去找爸爸，结果爸爸说行。

治疗师： 听上去你想要两个人配合得再好点。

在这个例子中，治疗师听见了来访者的抱怨，并将自己听到的内容转为另一种理解，即来访者希望的是什么，并且向对方进行确认以保证理解的准确性。

另一个例子是治疗师专门调成与来访者同频的语言，尤其是那些关键词和短语。我们把“关键词”和“短语”定义为：由来访者说出的那些能够引导他们去建构解决之道的词和句子。

回到第一个例子来：

治疗师： 听上去你想要两个人配合得再好点。

母亲： 呃，如果能一致些就好了。

治疗师： 啊……对……一致性。

治疗师倾听来访者使用的那些特定关键词，并转换自己的语言去与之匹配。

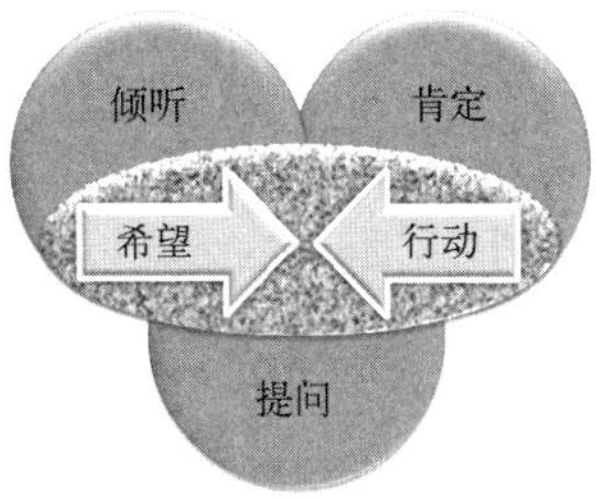

图3.1　焦点解决式会谈的要素

焦点解决取向的访谈者还会敏锐地倾听任何显现差异的信号。对于那些哪怕是最细微的所谓例外都会保持警惕，不管那些例外是真实发生的还是来访者想象出来的。

来访者： 我希望我的孩子能像我哥哥家的孩子一样乖巧。

来访者： 自从我搬到城里后，我就没那么活跃了。

来访者： 我就这样放纵狂欢；我有一个星期都没清醒了。

在这几个实则是抱怨的例子里，治疗师选择了不同的切入点：你哥哥家的孩子表现是什么样的；在搬到城里之前的样子；以及他什么时候是清醒过来的。

对于焦点解决式的倾听者而言，不去关注什么和要去关注什么是同等重要的。

父亲： 有时我们就是无法找到一丁点共识。我们都是很强势的人。我们都固执己见，结果就是没有最糟，只有更糟。

治疗师： 当然……所以有些时候，你们确实也能多达成一点共识？

这个例子中，治疗师听到来访者说“有时”，那就意味着也有另一些时候他们是能达成共识的，并用一种观察性问句（observational question）的方式说出来。当治疗师以这种方式来回应时，也是在忽略对问题本身的陈述，看着就像是越过了问题一样。

有一些例子展现了焦点解决取向的治疗师如何引导倾听内容。通常而言，正是这些焦点取向的倾听，加上对来访者视觉线索（visual cues）的高度关注，决定了焦点解决取向访谈者选择什么作为进一步关注的**机会点**。我们将在第4章对此进行更细致的讨论。

提问

焦点解决式提问与选择性倾听协同进行，这就加强了对于解决之道的关注。焦点解决取向的访谈者所问出的那些问题，就如众多来访者和生活情境一样，形形色色、多种多样，有一部分原因是我们基于来访者最新陈述的具体语言来建构提问。没有两位来访者说的话是完全一样的，所以提问的具体细节也会因人而异。我们在问题建构的过程中，力求问出为每一名来访者量身打造的问题，而不是那种一成不变的套话。我们想强调的是，焦点解决式会谈并不是程式化的，而是依靠仔细倾听，并把每一位来访者都看作独特个体去回应。

然而，确实有一些焦点解决式问句，是大多数焦点解决取向的实务工作者多多少少都会使用到的。很多会谈都已经证实了这些标志性问句（hallmark question）的价值所在，并且形成了某种特定格式，以实现其能被最大化地运用。我们专门列出了这些问句，也有一部分是出于对SFBT历史和演化的尊重。这些SF式会谈的代表性问句如今都已经广为人知了。

大部分焦点解决取向的访谈者在发展个人技能的过程中，都多少用过这些问句的某些版本。我们也想说清楚一点，就是该模型发展到目前这个阶段（有这个概念以来差不多有40年了），对于是否使用、何时使用以及怎么使用这些问句，高段位的实务工作者彼此间也是有很大差异的。比如，在大多数咨询里，Joel都会在咨询尽可能早的阶段用上奇迹问句；而Lance则可能在任何一次咨询中使用奇迹问句，或者一直都不用。另外，我们每个人在使用这个问句时，问得又都很相似。还是说回到彼此的差异上来：来访者回答完奇迹问句后，Joel可能会追问来访者一个由自己改编的会谈前改变问句（pre-session change question)，这样可以帮助来访者意识到潜在的改变已经发生了；而Lance常常追问更多深入的细节问句（detail question），这部分将在之后“常见的问询路线”一节来讨论。我们希望传达给读者这样的信息，即不管是标志性问句，还是更通用的问询路线，经验丰富的实务工作者们对二者的运用方式都不尽相同，哪种问句要以什么顺序被问出来是没有一定之规的。

标志性问句

邀请问句

焦点解决短程取向的治疗师们有很多种不同的方式来开始一节咨询。短程家庭治疗中心起初会以向来访者询问例外问句的方式开始，后来中心开始问会谈前的改变（Weiner-Davis et al.，1987）：“很多来访者告诉我们，从最初给我们诊所打电话到过来第一次会面的这段时间里，有些事情已经转变了；你有没有留意到自己的这种情况呢？”也有焦点解决取向的实务工作者会询问来访者对于咨询的“最大希望”（Ratner et al.，2012）。还有人问“当你今天离开时，需要发生点什么，会让你觉得来这儿一趟是值得的？”Joel最喜欢问的是“在我们一起努力合作后，你想要有些什么不同和改善呢？”Lance最喜欢的则是“你对这次谈话有什么希望？”

无论治疗师选择以什么开场，所有这些问句都有一个共同点：为了邀请来访者参与到建构解决之道的语言游戏[1]中来。很多人来到咨询室的时候，都以为咨询就是探索问题再解决问题。来访者之所以会有这样的信念，有的是因为他们在以前的咨询里就是如此，有的是因为许许多多各式各样的咨询模型和理论都是聚焦在问题上的。即使一个人从未做过咨询，大众媒体也会有足够多的信息让他把咨询过程假想为就是要谈论问题的。

焦点解决取向治疗师的第一项工作就是让来访者参与到一种不一样的对话

[1] 有关“语言游戏”的定义，请参见第1章。

中，并对咨访双方共同围绕问题工作的这种理念进行解构。Joel发现把这些最初的提问视为“邀请问句”（invitation question）会很有用。一旦来访者接受了这种“邀请”，一起来玩建构解决之道的语言游戏，那么抛出奇迹问句的情境也就产生了。

奇迹问句

假设有一天晚上你睡着的时候，一个奇迹发生了，你今天为此而来的问题全都被解决了。但是因为奇迹发生的时候你正在睡觉，所以你无从得知奇迹已经发生了。那么第二天你如何开始得知这个奇迹发生了呢？

奇迹问句有三个目的。首先，它解构了问题与解决之道必定相关的传统假设。该假设是指细抠一个问题与解决这个问题之间有直接的线性关系。其次，它能让来访者说出更多差异的细节，并由此共同建构出改变的可能性及期望。第三，它让来访者的治疗目标更加明晰。

正如我们之前说过的，如果提问能具备五个基本要素，就会达到最佳咨询效果。在咨询早期就可以使用奇迹问句。来访者最初的反应通常会是沉默一段时间，这为来访者建构答案提供了空间，而治疗师的沉默是对来访者最好的肯定和支持。

对于前面问到的想要生活中有什么不同、有什么改善，一旦来访者做出了回答，治疗师就可以将这些视作奇迹问句的一部分了。比如，Shelly在被问到想要有什么改善以及有什么不同时，她回答，“我想要更多美好的日子，而不是糟糕的日子……”，那么奇迹问句里就可以并入来访者的这个说法了：“由于发生了奇迹，你开始拥有了更多美好的日子，而不是糟糕的日子。”

和询问会谈前改变或对改变有何期望的问句一样，奇迹问句也是开启焦点解决式对话的一种可靠方式。它通常都会引发来访者的回应，这些回应进而会在咨询中成为深入对话的核心。回答奇迹问句时的一个有趣模式是，听到的答案通常都是明显不神奇的那种。换句话说就是，来访者很少给出夸张或不切实际的答案。他们常常说到的是一些日常生活中的普通事件，这就使得他们在谈论变化时能说得有鼻子有眼，头头是道。奇迹问句的价值，一部分在于实际问出的问题，还有很大部分在于询问的方向以及治疗师对来访者的回答紧抓不放。奇迹问句以一种命名或赋予标题的形式，对来访者自己探求到的差异进行了相当可靠的初步识别。后续询问则带出更多差异的细节。

量尺问句

如果量尺上的10代表×××（奇迹发生的那天），而1代表相反的情况，你觉得你今天在什么位置上?

量尺问句是焦点解决访谈工具中最万能的问句之一。它体现出了焦点解决的一些最重要的原则。比如，它从本质上削弱了“非此即彼”式的思维，代之以“兼容并包”式思维的知觉立场。从1（或者0）[1]到10的量尺上会自动形成灰色地带。问题不是有或没有的存在状态，而是或多或少、或大或小地存在着。问题与解决之道并不是非此即彼的两个极端，而是按一定比例共存的形式。即使是在问题最糟糕、最严重的时候，也会潜藏着解决之道的蛛丝马迹。即使解决的办法越来越有用，也还是会有一部分遗留问题存在，这些都是正常的。

焦点解决模式是以差异为中心的。量尺问句则默认了差异的存在。访谈者通过量尺问句的建构，降低极端答案出现的可能性。1或0代表曾经发生过的最糟情况，10代表第二天奇迹发生的情况。这种方法似乎能与人类天性中的其他方面结合起来，从而导致来访者通常都会在2 ~ 9的中间范围里选择一个答案。中间范围里的任何一个回答，无论是3或者7，都不可避免地代表了差异的存在，并为很多富有成效的后续提问打开了大门。比如可以问：“是什么让你觉得达到了2，而不是1？”“你是怎么达到那么高的分数的？”“你是如何让自己不再下滑的？”“哪些迹象会告诉你在这把尺子上又提高了半分？”

[1] 使用0还是1来定义量表的低端一直是SF从业人员讨论的主题。每种立场都各有理由。

量尺问句很万能的另一个方面是，它可以用于很多不同的目的。首先，它可以用来测量进展的程度："1代表你刚开始咨询时这个问题的状态，10代表你经过一段时间已经可以很好地应对，不需要再来咨询了。"

除了作为测量进展的指标，量尺问句还可以用来测量信心，它可以为我们着手结束咨询提供很有用的一揽子方案："1代表这些改变才刚出现，我也不确定能否持续下去；10代表我很有信心这些改变会持续下去。"

当上面这两个量尺的评分都在6分或更高时，我们就能温和地建议来访者可以把"考虑停下咨询"提上日程了。de Shazer（私下交流）表示，当来访者评分达到6分或更高时，自己就相当确定他们认为事情已经足够好，可能不需要再回来咨询了。

一旦在会谈中找到了例外情况并确定其对来访者很重要，量尺问句就可以对例外进行突出和强化了："如果1代表没有能力，10代表相当成功，你会如何评价你在那种情况下找到共同点的能力？"量尺问句也可以用来明确咨询的"短程高效"："你需要在量尺上达到哪个位置，就会认为已经取得了足够的进步，并且可以依靠自己持续取得进步？"

毫无疑问，富有创造力的读者不难想象，量尺既可以用来评估动机、努力、决心、感激、承诺，也可以评估建构解决之道的对话中可能出现的几乎无限多方面的人类经验。

量尺还可以实现目标设定和激励的功能。在做培训时引入量尺的一个好方法是，让学员们在1到10的量尺上预测自己会有个多么愉快的夜晚，然后在第二天的工作坊开头，让大家讨论这个夜晚实际上有多美妙，以及看看自己的预测起到了什么作用。参与的人常常表示，他们至少反思了自己的数字，还有些人会说他们试图达到或超过自己的预测分数。

Joel喜欢在培训第一天结束后让学员给自己的体验打分，其中10代表他们的整个培训达到了预期。后续提问是，到第二天结束时，需要做些什么才能更接近10分。

同样，量尺问句也为和来访者共同建构接下来的步骤提供了理想的框架。新手有时会太快地进入到这一步，但其实应该在充分关注到来访者的资源后再来使用，评分越高越能说明来访者发掘的资源丰富。小心地使用量尺问句还有助于引导来访者朝正确方向迈出一小步："在量尺上前进半分的小迹象是什么？"

数字本身没有意义，直到来访者和治疗师共同建构出了含义。Berg和de Shazer（1993，p.19）写道：

> 量尺使咨访双方通过达成一致的术语（即数字）和概念（在这个量尺中，10代表目标，0代表还没有朝向目标的进展），都能自然地使用语言来对话，显然这个概念是多样且灵活的。由于治疗师和来访者都无法绝对确定对方使用某个特定词汇或概念的意思，那么量尺问句就使得他们双方能共同建构一种方式来讨论那些难以描述的东西，其中就包括朝向来访者目标的进展。

关系问句

假设有一次，你注意到你妈妈在漫长的一天后变得疲惫不堪、脾气暴躁，但是你并没有和她一起烦躁，而是决定要"保持平静"，她会留意到你做了什么不一样的事情呢？一旦她感觉到你以一种温和的语气平静地说话时，她回应你的时候又会有怎样的不同呢？

DeJong和Berg（2002，p.47）写道：

> 通过在建构解决之道时使用关系问句（relationship question），邀请来访者建构互动事件的描述及其意义。人们生活的大部分时间是在与他人的互动中度过的，其中有很多人对来访者都是至关重要的。

除了承认来访者生命中这些既有的关系外，关系问句在揭示差异的细节上也发挥了很好的作用，因为关系问句会请来访者从他人的视角来看待和倾听。我们还经常能留意到，有时来访者通过想象中他人的声音，更能表达那些和困难及希望相关的重要理念。

应对问句

对你来说，事情一直都很棘手，你是如何度过每一天的？

有一些焦点解决取向的治疗师发现，当自己用任何方法都难以调动来访者的希望和能力时，应对问句就成了一个有用的默认问句。通常情况下，来访者都能对自己怎么完成困难的事情说上两句，而这可以成为一个识别能力并放大能力的起点。

例如，在视频《穿越天花板》(de Shazer, 1985) 中，Shazer询问来访者："那么你是如何日复一日地应付这一切的？"她在回答的时候想了想，最后说："我就对自己说'我怎么能这样呢？'然后我竟然能开始感觉好点了。"

改善问句

大多数会谈都会在首次咨询之后采用"有什么改善了"(what's better) 这类问句来开头。很多心理治疗师在使用该问句时喜欢以最简单直接的形式提问。而有些人则选择稍微柔和的问法，比如"最近有什么好转的迹象吗？"或者"自从上次见面后，什么时候情况会变得好一点？"或者"最近有什么微小的迹象代表情况在朝更好的方向发展吗？"

来访者常常能够指出最近发生改善的事情，而这些事情都是之后可以详细探讨的。经常是来访者在咨询开头想不出有什么改善，但是在会谈之后却能意识到并说出有哪些事情已经朝向自己的愿望变化了。偶尔也有来访者坚持认为什么都没改善，或者事情变得更糟了，这种情况下我们就照例询问他们在本次咨询中的期望。

还有吗问句

SFBT里的F代表聚焦，它是很有意义的。坚持不懈地追寻来访者成功经验中的细节，是焦点解决式会谈的显著特征之一。如果想要发起一段持久的对话，而非只得到单一的答案，那么开场问句（opening question）就是最适合的了。一旦来访者和治疗师触及一个显著差异——比如通过对奇迹问句的一问一答，往往就会打开某种对话的矩阵。来访者的语言标示出了一个差异，治疗师可以选择对此“纵向”深入，挖掘更多细节，然后在挖出了很多东西后，转为更多“横向”的询问。“奇迹发生的第二天还会有什么不同？”如果说到了新的不同，那么就再抓住继续深入挖掘，以此类推。

我们在SFC的一位同事教给大家一个对“还有吗”（what else）特别有用的问法。Yvonne Dolan（私下交流）称之为“奇迹日”。开头就用奇迹问句那些标准的问法，然后她会留意第一件与众不同的事情，并就此询问更多的细节，之后再问“那然后呢？”重复这个模式，Dolan和来访者用这招把一个接一个的具体事件组合起来，成功地描绘出了一个奇迹日的样子。

启动问句

在我们今天谈到的这些事情中，哪一件是让你记忆深刻并会考虑开始试试的？

根据Karl Tomm的干预性会谈框架（私下交流，2009），启动问句（initiative question）能够比较容易地整合到焦点解决式会谈中。已有经验表明，无论是年轻的还是年长的来访者，通常都能比较温和地接受这种问句。这类问句很适合当模板来套用，使用起来不会受到任何特殊问题或解决之道背景的限制。这个问句关乎咨询中探讨的内容如何与来访者现实生活中的行动衔接起来。SFBT 社区持续进行的讨论提出了“家庭作业”或“派任务”的主意，并显现出从“布置详细的行为任务”向更多“观察性建议”的转变趋势。最高效的焦点解决式会谈可以共同建构一个或多个例外情况，然后这些例外就可以在咨询结束环节作为给建议的内容了，即回去观察进一步发生的情况。启动问句的好处还包括，来访者通过这种提问变得更加积极主动了，既能从已经显现的可能性中直接选择，也能想出自己的新点子并在咨询之后持续关注。

启动问句的这种基本格式可以作为模板以多种方式加以运用：

- 在我们今天的谈话里，或是之前的谈话里，又或者是你自己一直在考虑的事情中……
- 特别是在家庭咨询中……请大声地随意说出你的想法，或者默默地说给自己。
- 现场咨询开场时……在你和治疗师一起讨论的那些想法中，有哪些是你已经试着在做的吗（不管这些做法是否如你想的那么有用）？即使你还没有迈出这一步去行动，有没有什么是你已经想到的——或许值得尝试做点不一样的呢？

希望有关标志性问句的这部分内容可以为读者提供一个简洁全面的概览，使观察者得以在焦点解决式会谈中能对号入座看出门道。当然，每次会谈都是独一无二的，因此每次选择使用什么问句也是独一无二的。一次会谈中可能会用到很多这种特定的问句，但也可能用得很少或者完全没用到。这些标志性问句可以在会谈中一个接一个地使用，而有些问句（比如奇迹问句）则有非常特殊的使用格式。

需要注意的是，所有这些问句都只是模板，使用时要将每位来访者的独特经历融入其中。也就是说，这些问句本身并没有预设某种功能区域或生活技能。每个标志性问句都以这样或那样的方式普遍朝向来访者所期望的差异。是来访者应答中的细节使得对话中填充了他们独特的生活、烦恼和希望。对于模板这个概念，笔者在此想要特别强调的一点是，要避免这样一种危险，即没有对来访者进行很好的倾听与回应，就公式化、机械化地使用这些问句。

我们认为在任何特定的焦点解决式会谈中，这些标志性问句可以多用也可以少用，这取决于来访者的情况、访谈者的偏好以及许多其他变量。除了有这些特定的标志性问句外，观察者还能看到，虽然表现出来的方式会因实务工作者的不同而有所变化，但是在大多数焦点解决式会谈中都存在着可识别的问询路线。

常见的问询路线

在焦点解决式会谈中，有几条常见的问询路线（lines of inquiry），在不同的实务工作者和不同的来访者之间，这些提问虽然略有不同，但在形式和功能上存在相似之处，从而归入了一个相对独特的类别或谱系。这些问询路线首先要做的就是启动会谈，沿着解决之道的路径推进，就像前面提到的**邀请问句**那样，其通常能够引出一个关于来访者想要的改变的总称（general title）。我们可以这样说，当来访者使用的语言中开始产生对于出现差异的希望时，他们就接受了加入焦点解决式语言游戏的邀请，至少在那一刻是接受的。

提问标题（titles questioning）：给希望命名

除了习惯性的见面问候之外，焦点解决式会谈的第一个议程是立即用围绕希望和解决之道的语言开始对话。这些开场问句通常会引出一些笼统的语言，会把自己对于改变的希望用名字或标题来概括。

长期从事焦点解决取向工作的大多数实务工作者都发现，他们对于会谈的开场偏好和习惯已经发生了变化。BFTC早期使用的版本之一是："您离开这里后，如果发生什么事情，会让您觉得这次会面是有用的？"而有人则被英国伦敦BRIEF首创的这个问题所吸引："您对这次咨询有什么希望？"另一些人则偏爱"您希望在我们会面之后会有什么不同？"

还有一个似乎已经逐渐不再使用的问句，但考虑到学术原因，由于其可能具有的期望价值，还是值得一提："需要发生什么，您就会说自己不用再回来咨询了？"还必须说的是，在举例介绍完这些为了快速解决问题而精心建构的问句后，我们还有一段Steve de Shazer的未公开录音（私下交流）和大家分享，他问来访者："那么……是什么让您……今天……来到这里？"这种形式的开场问句可能与使用其他模型的实务工作者所问的没有太大不同，而且可能会更多地引向关注问题。当然，在Steve手中，这次会谈从这个问句开始，呈现了一个专注于解决方案的令人信服的范例。

希望读者已经能够意识到，在焦点解决式会谈中，使用“奇迹问句”作为开场问句，尽管在实际操作中可能显得有些不同寻常，但这确是一种从关注问题转为关注希望的富有成效的做法。从这个意义上来看，这和标志性问句可谓如出一辙，目的都是从来访者的希望开始，引向对解决之道的关注。

在实践中，焦点解决式访谈者通常会使用许多同类的问句去一层层地探询。这可以说是一个聚焦的鲜活例子。访谈者非常致力于关注来访者的希望，所以通常会坚持在这个层面上追问，直到对来访者最重要的希望都成功地“语言化”或被共同建构出来。

治疗师：你对今天的谈话……有什么希望?

来访者：嗯，我最近很沮丧。我不知道该拿自己怎么办。

治疗师：嗯，听起来很困难……那么……今天谈话结束后的某个时候，发生什么事情会让你觉得这次谈话还不错?

来访者：我不知道……我什么都试过了……似乎没有什么用。

治疗师：好吧……那你希望我们见面后有什么不同吗?

来访者：我不确定是否能做些什么。

治疗师：嗯，那么，我可以问你一个奇怪的问题吗?

来访者：我想可以。

治疗师：我想让你假设有一天晚上，当你睡觉的时候，发生了一个奇迹，我们今天一起谈论的那个问题被解决了。因为你在奇迹发生时睡着了，你并不知道它发生了。早上醒来时，你会怎么发现奇迹已经发生了呢?

来访者：好吧，或许我会想要起床做些改变……

这种会谈方式的关键是要温和地坚持，否则来访者可能会觉得更像是审讯而不是会谈了。有经验的实务工作者可以很容易地做到这一点。一层层地提问，即使是同一类问句，也足以在语言上有所不同，让来访者体验到每个问题的独特性，尤其当访谈者以新奇、求知和全神贯注的样子提问时。在大多数情况下，这种温和的坚持会成功地转移话题，使来访者开始谈论希望。

来访者开始时可能会拒绝在咨询中谈论希望的邀请。

治疗师： 你对这次谈话有哪些希望呢?

来访者： 我从来没有这么想过……

治疗师： 好的……那么，现在就可以想一想。

来访者会把自己前来咨询归因于其他推荐自己来此的个人或团体，这种情况也不少见。

治疗师： 你对这次谈话有什么希望吗?

来访者： 是别人建议我来看心理医生的……

治疗师： 那么别人对于你这次过来有什么希望呢?

当问到希望问句时，来访者一开始最常见的反应之一是诉说那些导致自己前来治疗的问题。

治疗师： 你对这次谈话有什么希望吗?

来访者： 我一直很郁闷……

治疗师： 嗯……你怎么就能知道我们的谈话是有效果的呢?

另一种常见的反应是来访者描述自己在咨询中想要展开的过程，把这个当作自己的希望。

治疗师： 你对这次谈话有什么希望吗?

来访者： 我只是想要找个人聊聊。

治疗师： 假如你确实找人聊了，那会有什么不同呢?

要预测出所有来访者在被问到希望之时的可能反应，既不可能也没必要。最重要的是治疗师密切关注来访者当下实际的言行，并根据他们的反应建构有用的回应。上面这些例子只是为了给大家展示，焦点解决取向的访谈者如何清晰而坚定地发出邀请，如何将咨询的对话聚焦在希望上。

事件提问（events question）：差异的细节

焦点解决式会谈主要的关注点是在来访者希望的方向上将已有的差异发展扩大。在此过程中，一个反复出现的动态过程就是发现微小的差异并以此为基础进行建构。建构解决之道最有力的手段之一就是对于差异是如何发生的细节进行具体问询。这可以通过几种不同的方式实现。

我们在前面列举过Yvonne Dolan的“奇迹日”例子，通过反复询问“然后呢？”她和来访者通过日常生活中一连串具体而普通的事件，描绘出了奇迹发生第二天的理想状态，这是另一个使用矩阵式提问（matrix questioning）的机会。当来访者说他们的改变会是“找个时间坐下来吃早餐”时，访谈者可以选择横向提问，如“然后呢？——早餐后你会做什么？”或者选择纵向提问，如“早餐你会吃什么？”或者“那会让你有什么不同呢？”这种方式有助于从一般的对话转向具体的对话，从而帮助来访者更清晰地构想和表达他们的希望及目标。在转向来访者说到的另一个事件之前，治疗师会停下来引导出更多更具体的并可以被观察到的体验细节。

另一种建构细节的方法是“你如何得知？”

治疗师： 你说过在奇迹发生第二天会有所不同，就是你变得更有耐心了。

来访者： 是。

治疗师： 你如何得知自己更有耐心了呢？

来访者： 哦……就是，我工作的地方有三头奶牛是慢性子，挤完奶后，它们得花上两倍的时间才能从牛栏里出来，这真的很让人郁闷……我对它们很生气。

治疗师： 所以……奇迹发生后的第二天……

来访者： 哦……好吧……我会对自己说句“没关系”，就顺其自然了，也许会拍拍它们的脖子。

希望读者能发现在“有耐心”这种笼统标题与“拍拍它们的脖子”这种具

体行为描述之间的区别。这种询问推进的方式将叙述从可能指代内部状态的泛泛之辞转变为设想容易观察的外在行为事件。

“你如何得知？”这种提问的一个变体是“别人是怎么注意到的？”奇怪的是，来访者有时借助他人的观察和声音，更能回答我们的问题。

治疗师：谷仓的同事怎么注意到你更有耐心了？

来访者：是啊……嗯，我总是抱怨那些牛……所以奇迹发生的第二天，也许我不会抱怨那么多了。

治疗师：好的……不再抱怨了……而是会……？

来访者：我可能会问问他们中的一个人周末干了什么。

治疗师：你更有可能问谁？

来访者：我猜……约翰吧。

读者可能会注意到，在上面的例子中，访谈者更偏重于将要发生的事件细节，而非不会发生的事件细节。

衔接在“别人会注意到什么？”问句后面的则是互动式问句，“他们对你的反应会有什么不同？”

治疗师：所以……当你问到他们周末的情况时……他们的反应会有什么不同？

来访者：就是，我们可能会高兴地多聊聊……

治疗师：当你和你的伙伴们高兴地多聊聊时……

来访者：嗯，我们可能会做得更多……会对对方有新的了解。

希望读者能注意到，对细节提问的主线就是引发对事件的描述，然后再对事件进行越来越具体的描述。事件是否真实、是实际经历过还是想象出来的，这些都不太重要。更重要的是，这些事件至少是可信的、可能实现的，并且访谈者就像事件是真实发生的那样专注于细节。一些焦点解决式会谈的微妙之处就在于模糊了已经发生之事和尚未发生之事的区别：

治疗师：现在你说，你可以想象拍拍牛的脖子……

来访者： 对……

治疗师： 你这么做时，它们对你的反应会有什么不同？

在这个例子中，治疗师选择了不把对话固守在幻想的领域里，而是问：“那么……想象你拍了拍它们的脖子，你觉得它们的反应会有什么不同？”治疗师的语言微妙地转向了现实主义的方向：“当你这么做时，它们对你的反应会有什么不同？”还有其他转换了用词的例子，比如“假设你会/你会”和“假设你能/你能”。

对细节的提问可以一直问到惊人的深度，直到访谈者把所有好奇的问题都问光，或者来访者表现出了疲态。在咨询中挖掘改变的细节，有以下几点益处：

- 通过询问细节，可以一直在来访者自己命名的差异上工作，从而将对话引向行动或做点什么。参见第2章中关于融合性叙事的讨论。
- 对于有些人而言，仍然要遵循“有用的目标”这一由来已久的概念，那就可以通过确定谁、什么、何时、何地以及如何做的具体细节使目标更容易实现。
- 对细节进行有效询问的最重要作用可能就是，暂停在来访者体验中的某一点上，并且停留一会儿的这个过程——它和来访者回答的实际内容一样，都有可能使这种体验显得更加真实，也会使其更加突出。增加感官上的现实感会增大一种可能性，就是来访者在咨询之后的自身行为中能识别到那些自己说过的细节。经验老到的焦点解决取向访谈者能识别出一种常见的体验，我们可以称之为建设性混乱（constructive confusion），在这种体验中，来访者似乎失去了对时间框架的掌握，开始用一种好像已经发生过的语气来叙述那些自己希望发生的事件。这是一种最能以来访者为中心的方式，可以让所谓的问题中的例外浮出水面。随着对细节的不断追问，来访者不可避免地开始意识到他们所希望的一些事情已经在某些时候发生过了。这就需要焦点解决取向访谈者仔细倾听，找出例外情况，然后加以放大。
- 还有一种可能是，来访者实际上正在给自己提出建议，他们可能会在未

> 来的某个节骨眼上提醒自己。那个说可能会"拍拍它们的脖子"的人也许从未对这三头令他郁闷的牛做过这种事。他在咨询中说到的时候可能只是假设性地灵机一动。后来，他在谷仓里可能会想起自己说过的话，然后发现自己真的做了其实只是随口说说的事情。对这种情况的其中一种可能的理解是，这个人会在去谷仓之前就以某种方式培养了更多的"耐心"，然后，因为耐心增加了，所以就以这种新的方式行事了。另一种可能的理解是，该来访者发现他们在反思咨询过程中的对话，记得咨询中说过"拍拍它们的脖子"，就做了，然后发觉这正是在做他们之前认为属于更"有耐心"的事情。这正是一个焦点解决取向的实务工作者可能会感兴趣的因果不分的例子，但又可能很管用、很有创造性。

对细节进行提问这部分有两个子问句值得我们专门来看看：能动性问句（agency question）和进展问句（movement question）。

能动性问句：你是如何做到的?

Lance在BFTC的单面镜后，而一名实习生正在采访一位男士。这位男士在银行取款机前被歹徒绑架，之后被关在地下室，每天都要从自己的账户中给歹徒提取最高限额的钱。他报告说，这些事情让自己噩梦连连，以至于他会突然从床上惊坐起来，怕得不行。直到他意识到自己已经不再被囚禁了，这种情况才会好转。在单面镜后面，Berg脱口而出："他是怎么做到的?！"观察队员在直觉捕捉到可能管用的一个问句时，经常会这样脱口而出。

Berg是在回应那位男士说过的话："意识到自己已经不再被囚禁。"当会谈继续时，男人解释说自己最终在床上四处看，看到了他的妻子，意识到他是和关心自己的人在一起，环顾他的房间，看到了熟悉的物品，听到了家里炉子发出令人安心的声音，从而将自己从过去带到了现在。

焦点解决取向的访谈者从Berg身上学到了这招，随时准备抛出这个问句：

"你是如何做到的？"与前面提到的主题一致，与其说该问题的目的是引出一个唯一的答案，不如说是为了开启一段深入的对话，从而建构一个叙事。然而，治疗师偶尔也会得到一个深刻、简单而有用的回答。一位来访者试图戒掉多年来在商店顺手牵羊的习惯，她提到自己"从去年6月出庭以来"就没再偷过任何东西。笔者问她是如何做到的。她想了很久，笑了笑，然后平静地说："我不再携带大手包了。"两个人看着咨询当天她随身携带的小手包都笑得很开心。

根据笔者的经验，来访者可能不太会习以为常地去思考和谈论他们在成功事件中的作用。尤其是生活已经糟糕到自己都要来做咨询的地步时，他们更有可能——至少在一开始时——认为情况已经超出了他们的控制。建构解决之道的一个关键部分可能就是恢复和肯定个人的主观能动性（the sense of personal agency）。治疗师从这个角度来考虑，就会为来访者开辟出空间，也就可以运用各个版本的问句来询问能动性了。

治疗师： 那么……最近……你有什么……变好的吗？

来访者： 嗯……我想我的心情变好了一点。

治疗师： 你是怎么做到的？

来访者： 我什么都没做……我去看医生，他给我开了抗抑郁药。

治疗师： 你怎么知道要去寻求帮助？

来访者： 是我妻子……确实……她帮我约了医生。

治疗师： 你怎么知道要听你妻子的话？

来访者： 嗯……我想她只是在考虑什么对我最好。

治疗师： 所以，你认为只要可以，就应该尽力去做对自己最好的事情是吗？

来访者： 是的……

治疗师： 既然吃药对你是有帮助的，你现在会做些什么不一样的事吗？

来访者： 嗯……我恢复了锻炼……我和大家一起打冰球。

尽管询问能动性挺管用的，但它们未必能涵盖所有改变的可能。这类问句仅仅关注由来访者已有行为（或可能有的行为）所产生的改变。回想一下第2章中提过一个改变的假设，即改变来自许多不同的方面。询问改变愿景的问句就是运用了这一点。通过询问来访者某个改变将对他自己和生活中的其他人带来哪些影响，我们就帮助他共同建构出了那些不同的画面。我们相信，来访者拥有了这个画面就更有可能做点不一样的事情，从而带来改变。

进展问句：那会有什么不一样呢？

有几种不同的方式用于询问那些很小的成功或问题的例外情况能带来哪些好处，也有机会问到那些符合希望的进展。核心问句是："这种差异会带来什么不同呢？"来访者会被问到这样的问题："这样会有什么好事发生呢？"笔者自己最近偏爱的问法则是："这有什么好处？"（用肯定的口吻问出来）或者"这会带来什么好处？"

治疗师： 那么……你家里最近有什么改善了？

母亲： 嗯……九月份的第一周，三个儿子都去上学了。

父亲： 还有我们最近又在一起吃晚饭了。

治疗师： （在深入询问了能动性后）：一起吃晚饭有什么好处？

父亲： 嗯……每个人都只低头做自己的事情，或者在各自的房间里吃饭，会让我们看起来很疏远。

治疗师： 对……那大家围坐在一起吃晚饭有什么好处呢？

母亲： 嗯……我们感觉又像一家人了……是个一起做事情……关心彼此的大家庭……我们能了解每个人在做什么……

另一种理解和运用进展问句的方式在于通过语言询问重要性和动力性。当我们开始讨论朝着一个新方向迈出一小步会带来什么好处时，我们就为自己的所思所想创造出了空间，这些想法的建构都围绕着自己为什么值得为此做出更多改变，最初的微小改变会带来怎样的后续变化，其价值何在。

来访者的常用语言以及治疗师的有效回应

我们已经说过，焦点解决式会谈的首要任务是邀请来访者用寄希望于变化的语言进行对话。但在最开始抛出希望问句后，来访者却大谈特谈问题麻烦的一面，这种情况并不少见。下面列举的就是一些后续可以用得上的提问，能帮助来访者将最初只谈问题的回答转为更多地叙述自己希望出现的不同之处。考虑到做出这种转换也是会谈的目标，融合性叙事作为咨询最早阶段的语言交流，就为我们展示了咨询过程中的这个转换过程。几乎所有的来访者都想在第一次咨询时谈论他们的问题。在治疗师问出希望问句之前，他们可能会，也可能不会描述自己的问题。无论如何，治疗师的提问都会为来访者创造机会，让他们把最初的想法和叙事从问题转移到解决之道上来，再从不那么靠谱的方案讨论转移到更可能付诸行动的解决方案上来。

在共同建构希望的过程中，会频繁出现以下几种语言模式，都值得我们和大家说一说。这些常见的讲话模式与后续问句的例子相匹配，也就是邀请来访者进一步将对话置于希望中，然后将其表达希望的语言转换为更可行的表述。如果能把这些咨询前段的交流好好引导一番，就会有助于在当前咨询中开展叙事融合，并有望在来访者的现实生活中也保留下来。

听到很多，思考一个

来访者在前来咨询时可能会觉得自己同时在和多个问题作斗争。通过选择生活中的一个领域——可能是来访者当下最重要的，开始对希望进行共同建构。一个有用的假设是，来访者整个系统中的一个领域产生变化，就有可能在其他领域产生多米诺骨牌效应。无论如何，一旦某个让人头疼的领域被高效率地搞定后，就没有什么能阻止下一个议题也被继续搞定了。参见图3.2。

听到大的，思考小的

当我们身处某一困境时，我们当然都想要彻底、快速地改变现状。假如令人满意的改变可能就在不远的将来，那么会有哪些微小的迹象表明开始迈出第一步了呢？另一个有用的假设是，有些困难可能就这样过去了，而更持久的困难最好通过朝着正确方向迈出小步子来克服，这些小步子会发展成更大的改变。参见图3.3。

图3.2　听到很多，思考一个

图3.3　听到大的，思考小的

听到停止，思考开始

对于生活中一次糟糕的经历或一个糟糕的模式，比如情绪扰动或关系冲突，我们的第一反应是想要它停止，这是可以被理解的。引导来访者在最开始表达自己希望的时候，采用一个有效的转换，就是用我们希望发生的事情来代替问题。希望发生点什么通常比希望结束点什么更可行，也更有效。一个被精心挑选过的差异，如果有能力取代或挤走最初的糟心问题，那它就会成为建构解决之道的精髓。参见图3.4。

图3.4　听到停止，思考开始

听到内在，思考外在

当来访者开始明确表达自己希望在感受、认识、觉察或情绪等内在方面出现改变时，我们要询问其外在的互动会如何显现出这种内在变化。相比于猜测内部状态或者依赖个人传达的难以捉摸的个人体验，可被观察到的变化更有助于来访者和周围人去识别并追踪已有的改变。参见图3.5。

图3.5　听到内在，思考外在

听到别人，思考自己

来访者可能会认为自己的问题是由别人造成的，所以他们最初的希望是让别人先做出改变就不足为奇了。我们的系统假设认为，系统（比如家庭系统）中任何部分的改变，都有可能引发系统中其他部分的改变。在这方面，焦点解决取向的治疗师可能会超越传统的因果观念，转而寻求与来访者建设个人能动性的机会。假设别人以那种方式改变了行为，你自己又将会做出怎样不同的回应呢？见图3.6。

图3.6　听到别人，思考自己

听到笼统，思考具体

在治疗性对话的早期，来访者从描述烦恼转变为描述希望可能需要时间。比如**更快乐、更平和、更自信、面对丧失和哀伤**，这些泛泛而谈都是常见的出发点，本质上都是笼统的。上文中我们说到了想要来访者在叙事上有所转变，所以我们会在思考后请来访者详细描述那些具体的、可观察到的事件——相当于新闻记者采访时会问到的“谁”“什么”“何时”与“何地”。见图3.7。

图3.7　听到笼统，思考具体

正如我们所说的那样，想要预测并归类来访者对希望问句的所有可能回答，这既不可能也不可取。更重要的其实是紧盯来访者当下的实际言行，并据此建构有用的回应。上述例子仅仅是为了展示焦点解决取向的访谈者是如何清晰而坚定地发出邀请，将治疗性会谈的焦点放在希望和行动的语言上的。

焦点解决式对话指南：缩略图

现在看来，这些典型的焦点解决式会谈的问询路线，既有标志性问句也有通用的问句，那么访谈者要怎么决定什么时候该问什么呢？我们之前已经从会话工具的角度对焦点解决式会谈进行了描述，现在复习一下，访谈者要怎么知道什么时候使用哪个工具呢？他们如何找到自己的方向？我们首先要做什么？什么样的顺序才是合乎逻辑或卓有成效的？多年来，不同团体都开发了各自版本的地图或指南，以便在焦点解决式会谈中得以遵循。

TEAM地图

TEAM地图如下图所示。所有问询都是为了促进来访者的希望与他们的实际行为相一致。组织问句的核心原则是要发展出希望和行动的叙事部分，这可以通过使用四种问询或是那些可以带来改变的询问角度来实现：

- 关于希望的标题（title，T）或名称。
- 事件（events，E）——对所发生之事进行描述时出现的那些具体细节。
- 能动性（agency，A）——来访者为了促成改变所做的工作。
- 进展（movement，M）——觉察那些能引发进一步改变的微小成功。

访谈中的提问可能是自然的、水到渠成的。希望一旦开始以标题的形式被说出来，那么接着询问有关实现这个希望的事件细节往往都会很有收获。如果来访者没有主动讲到他们自己的能动性，那么治疗师询问这一点也会很有用。运用能动性来组织对话，可以自然而然地发现已产生的益处或是正在朝正确的方向进步。把能动性和进步结合起来提问大致相当于一些人所说的能力建设（capacity-building）：对来访者有能力让自己的生活产生变化的觉察进行开发。

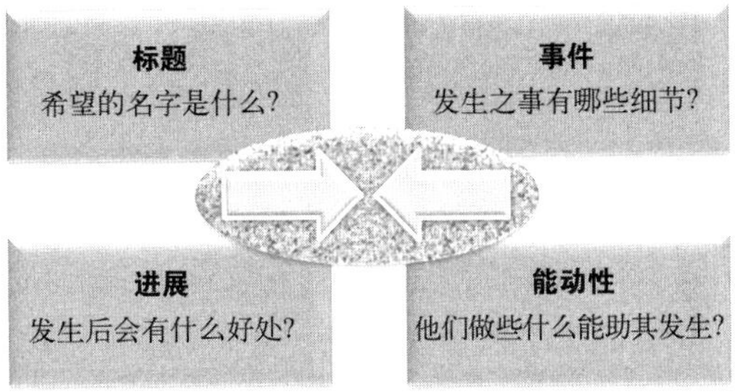

图3.8　问询路线：TEAM地图

然而每次对话都是独特的，它可能按照也可能不按照单一的线性顺序来进行。比如，当来访者固执地认为“我什么都试过了，但是一点用都没有”时，可能最好是把能动性问句推迟到对话后期再使用，从询问细节或事件，转向探索来访者的进步或受益，让他们能建立起改变之后的画面感。该地图展示了四条问询路线，对解决之道的建构做出了重要贡献，值得尽量在访谈中使用，访谈者若想转换话题，也可以将其作为自然的转折。

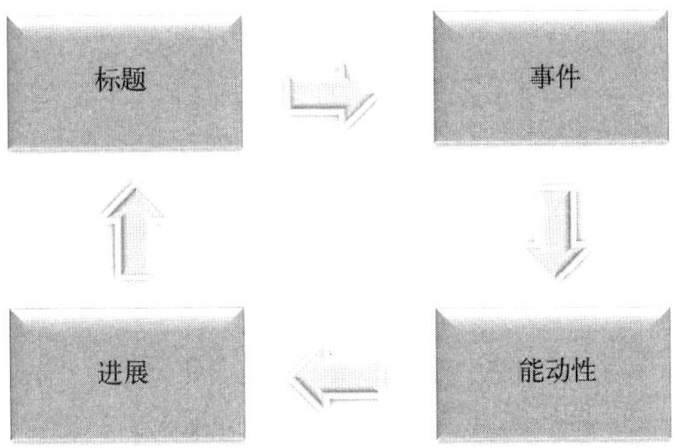

图3.9　可能的询问顺序

还有第五条问询路线也有助于建构解决之道，那就是“接下来是什么？”共同建构接下来都有哪些可能性可以通过几种方式来开启。其中一个比较显而易见的方式是使用量尺问句。一旦来访者指出他们目前在量尺上的位置，且访谈者已经对迄今为止的进步资源进行了充分探索，那么通常就可以开始询问，若在量尺上再高半分或1分，可能会有哪些微小的迹象。这种交流通常会引发来访者对另一种改变内容的泛泛而谈，来访者会给出另一个“标题”，然后就可以继续用TEAM框架对这个新标题做有效的探索了。具体发生的情形是怎样的（事件）？想象你自己能做些什么帮助它实现（能动性），那会带来什么好的变化（进展）？

一位受训的年轻飞行员因为“神经紧张”而暂停了科目训练，想要找到恢复训练的方法。

治疗师：在准备好了可以恢复训练的这把尺子上，如果提升了半分，那会有哪些微小的迹象呢？

来访者：嗯……如果我又开始对飞行感兴趣的话……

治疗师：如果真的发生了，那会有什么迹象呢？你会如何得知？

来访者：我现在在家很无聊。我需要找点事做。我之前真的很想开飞机。我在想班上同学最近都在做什么。

治疗师：那就假设你又开始恢复兴趣了，你发现自己可能开始迈出的一小步会是什么？

来访者：嗯……如果我去了机库……只是去那看看……溜达溜达……和大伙打个招呼。

治疗师：你认为那可能会带来什么不同？

来访者：嗯……我想念那些人……那样我就能知道自己再次接近行动时的感觉了……但不必真的去飞……

焦点解决短程治疗（SFBT）的发展始于de Shazer提出的那个问题：“治疗师和来访者一起做什么是对来访者有帮助的？”（见第2章）笔者的一位来访者曾反馈说：“我真的很喜欢你的那个奇迹问句。”实际上我们并非奇迹问句的首创者，但也懒得去纠正他了。显然，这位来访者只要时不时地回想一下奇迹对话，提醒一下自己和妻子在亲密关系中想要努力实现的目标，这样就会对他有帮助。

融合性叙事会激发人们的希望感，这听起来合情合理。或者更符合现实的说法是，二者可能是一种相辅相成相互促进的动态（Taylor & Fiske，2005）。当人们发现自己的希望与行动越来越一致时，就会变得更有希望；而他们越是充满希望，就越倾向于朝着幸福的方向行动。

图3.10 融合、希望、相互促进

EARS准则

EARS也是用四个首字母代表四条准则，有人认为它是焦点解决式会谈的有用指南。

- E=引出差异；
- A=扩大该差异；
- R=增强该差异；
- S=重新开始，引出另一个差异。

听选建

用于指导焦点解决式会谈的第三个地图或图式，则是由De Jong和Berg（2013）澄清并阐述过的“听选建”（Listen Select Build，LSB）。SFBT手册对其做了如下总结：

> 治疗师在焦点解决式会谈中的标志性问句和回应旨在启动一个共同建构的过程，就是倾听、选择和建构，这是由De Jong和Berg继de Shazer之后提出的。
>
> 在这一过程中，SFBT取向的治疗师会倾听来访者并从其使用的语言中挑选出只言片语（在初期通常只是很微弱的提示），但能体现解决之道的某些方

面，例如阐明对来访者很重要的是什么、来访者可能想要的是什么、相关的成功经验（比如例外情况），或来访者的技能和资源。一旦有了选择，治疗师就会用一种和来访者所使用的语言相关的方式提出下一轮问题或给出其他回应（例如意译或总结），并邀请来访者对解决之道的某些部分给出更清晰、更详细的描述。当来访者从其自身的参考框架作出回应时，治疗师继续倾听、选择并根据来访者所说的内容给出下一轮焦点解决式问句或回应。正是通过这种持续的倾听、选择和以来访者的语言为基础的过程，治疗师和来访者共同建构了新的意义并为解决之道提出了新的可能性。

（Solution-Focused Brief Therapy Association，2013，p.5）

LSB 框架与聚焦改变的机会点，二者在本质上是一致的。从字面上看，我们倾听和观察是为了找到改变的机会点或解决之道的蛛丝马迹，这都是为了建构一种治疗性的回应。所谓的“**焦点解决式倾听**”和“**用建构解决之道的耳朵来倾听**”，无疑都和 LSB 中的“倾听”是一个意思。

把LSB地图中的选择对照到我们的机会点分析中，可能会让选择过程更加清晰。在机会点分析中，我们收集并记录了一段语料中所包含的多个机会点，从而给“选择”提供了备选的土壤。在机会点分析中，我们还为每个机会点生成了大量可能的干预性建构，进一步阐明了最终的可选范围。在机会点框架中做选择，相当于选择了机会点和干预的最优搭配。

机会点分析中的原理部分尝试对如何做出选择给出一些明确的标准。我们认为对此还有更大的研究空间，或许可以在焦点解决取向的实务工作者将机会点和干预进行最佳匹配的基础上，通过对“基本原理”的详细分析进一步具体阐明工作的标准。

上文中引用的SFBT手册内容，与前文引用的其他观点还有一个交集，就是治疗师的反应建构过程，即“保留、忽略、添加保留”的图式。在所有的可能性中，那些为了“建构”而选出的机会点是在治疗师的最终回应里最常被“保留”下来的。建构解决之道中的“建构”是指几个同时进行的过程。如前所述，焦点解决式对话的实质内容主要是由来访者表达或者叙述出自己的希望和想要的行动。为来访者创造条件使其得以建构出有用的叙事就是我们的目标。而所谓有用的叙事，尤其是指那些关于希望的叙事、有益健康的行动的叙事，以及二者融合在一起的叙事。询问来访者“你有什么希望？”以及引出对于希望的任何一点点叙事都属于建构的一小块。其他关于提高希望的行动能力的一问一答则等同于建构过程中的一砖一瓦，这和TEAM地图中遵循四条路线的聚焦式问询和回应一样，也和导向下一步行为的第五条路线一样。来访者在其叙事中的有效转变被自己所认可，则是另一个潜在的建构单元或建构途径。所有这些建构解决之道的工具以语言的形式占据了咨询的空间，其除了具有辅助效果外，还通过在咨询过程中展露来访者的大量优点或在对话中给足解决之道，为来访者创造了“建构”的良好体验。

提问是为了什么？

Bavelas（2022，p.183）在其最新一期关于面对面对话的理论和研究汇编中引述道：“问题是一种要求提供治疗师所没有的信息的语段。”（Tomori & Bavelas，2007）这个定义似乎适用于许多临床治疗环境，事实上也适用于人类交流的绝大多数情况。这个定义的言下之意似乎是，提问者认为被提问者拥有提问者所没有的、想要得到的信息，并期望被提问者提供这样的信息——如此一来提问者就能得到信息了。

也许和其他旨在对转换观念进行共同建构的后现代流派一样，SFBT中的提问往往也是为了达成一个微妙却又明显不一样的目标，我们将其阐述如下：提问是一种语段，它邀请来访者叙述或为其思想、情感、行为和互动的体验发声。一个带有疗愈意图的提问会将来访者的健康幸福放在首位，邀请他们以一种有助于解决问题和有益于健康的方式叙述自己的经历。来访者对治疗性提问的回应，其目标受众正是来访者自己。最好的结果就是，来访者亲自见证在面临烦恼又拥有解决问题的希望时，自己如何为思考和行为方式带来新的可能性。

在焦点解决式会谈中，经常出现的情况是对差异的细节进行拓展性提问，也就是我们所说的对“事件”提问。一旦来访者对于改变的希望和对于差异的愿景被自己识别出来并且给予了命名，治疗师就会对其记忆中或想象中发生的事件细节进行大量的提问。坚持这种提问方式会得到可信赖的结果。来访者对细节的描述会留下可识别的痕迹，这些痕迹反过来又会使来访者辨认出过去发生的例外情况，这样就更有可能在未来留意到例外的发生，从而创造出具体细节以供将来参考，这些具体细节因为能被来访者记住所以更可能付诸有效行动。访谈者之所以坚持使用这种提问方式完全是为了创造出富含具体感官细节的叙事，从而增加来访者看到差异和实现差异的可能性。这些问题为来访者给自己提供新的信息创造了条件。

肯定化

在某种程度上，大多数治疗流派可能都包含了肯定来访者的元素。以我在单面镜后面多年协助治疗的经验来看，一些治疗师似乎醉心于将给予善意作为一种主要工具。无条件积极关注的概念源于来访者中心疗法。情绪聚焦疗法（emotion-focused therapy）也把肯定情绪作为了一个特殊的点。认知行为疗法的重点似乎是针对不那么有用的思维模式和肯定更健康的替代模式。与其他肯定的方法略有不同的是，SFBT 通常将肯定化这一干预相当具体地定位在解决之道、希望和能力上。

焦点解决取向的访谈者肯定来访者经验的最显著方式之一，就是始终都选择那些与解决之道相关的语段，而不是与问题相关的语段。这就在暗中不断地向来访者传达了这样一个信息，即这种聚焦会很有成效并且会很管用。

焦点解决取向的治疗师甚至会公然地精心设计赞美方式和时机。有效赞美的准则包括：

- 对解决之道相关的行动做具体赞美。
- 赞美要恰当且精准。
- 要有节制，避免来访者觉得赞美言过其实。
- 致力于赞美努力而非赞美聪明。

假设和预设

Berg（私下交流）宣称“你可以假设任何事情”。事实上，SFBT经常被称为“假设疗法”。“假设”一词本身就会频繁出现在焦点解决式会谈中。

- 假设某天晚上，你正在睡觉……奇迹发生了……
- 假设你变得更有耐心了……你会留意到有什么不同？
- 假设你发现自己的分数高了半分……会有哪些微小的迹象？

在另一个层面上，假设，或者更准确地说是预设，在SFBT中扮演着重要的角色。可以做个有趣的练习，就是找一个具体的问题，然后自由推测在提出这个问题时，背后有哪些“现实”是被假定为“真实的”。

问题：有什么变得更好了？

预设：

- 有东西变好了。
- 来访者有能力注意到变化并报告该变化。
- 调整到“更好”的状态是有用的。

问题：在从1到10的量尺上……

预设：

- 来访者能在量尺上标出自己的位置。
- 数字是有意义的。
- 数字更大就是情况更好了。

不同风格的治疗方法可能都包含“说服来访者”这个要素，因此值得思考的是，在焦点解决取向的咨询中是怎么说服来访者的，以及预设在这一过程中的作用是什么。首先，让我们考虑一下SF取向的治疗师可能希望来访者接受哪些观点。可能性包括：

- 改变不仅是可能的，而且是完全可能的。除此之外，改变是不可避免的。让我们把它引向有用的方向。
- 你（即来访者）有能力。你能做些不太一样的事情。
- 仔细观察进步是很有力量的。
- 你并不需要把问题彻底搞明白或者把问题斩草除根，而是要开始做些更好的事情去取代问题本身。后者并不倚赖于前者。

我们很少能看到一位经验丰富的焦点解决取向的访谈者要试图说服来访者接受某一观点。事实上，情况恰恰相反。焦点解决取向的访谈者表现出来的姿态大多是尊重来访者对自身处境和希望的认知。尽管如此，访谈者的每一个行为几乎都是有疗愈意图的，从选择关注解决之道而不是问题，到对于来访者听从建议而采取的具体行为进行赞美。预设的促进作用以其强大的说服效果而著称。预设很有可能在SFBT中起到了重要的说服作用。

坚持与聚焦

Steve de Shazer是单面镜背后的团队一员，当时一位经验丰富的治疗师正在与一位可能患有慢性精神疾病的来访者面谈。这位来访者表现出了一种强烈的习惯，那就是不断重复自己的思想和情感困扰。除了让来访者初步“说出”了希望哪些事情有所改变外，访谈可以说是毫无进展的。在咨询后半段的讨论中，Steve表扬了治疗师的“坚持不懈”。给他留下深刻印象的是，治疗师在困难重重的情况下，始终没有放弃缓缓地引导对话去谈及变化。

焦点解决取向的实践有一个典型特征，就是面谈者聚焦于以下地方：

- 来访者说到关于希望的那些话。
- 问题的例外情况。
- 差异的细节。
- 深入跟进开场问句，如奇迹问句。

要看关注的强度怎样，一部分指征就是去看看焦点解决取向的访谈者选择不去探索什么。由于很少关注或根本不关注问题的细节，所以关注解决之道的体验就显得很独特且强烈了。此外，特殊的一点是，治疗师完全聚焦在来访者的资源部分，并不会插入治疗师的程序化操作或是给予来访者建议。给来访者提建议的预设看上去就是来访者需要外部资源才能成功，而 SFBT 则是预设来访者的内部和社会资源已经足够了。咨访双方轮流讲话、悄然而生的困惑以及放松关注度都很容易分散这种聚焦。

来访群体

可以说，一个焦点解决式会谈的良好开端就是访谈者要在脑海中思考一个问题："谁才是想要改变的人，以及改变是为了什么？"围绕这一问题展开的对话过程会使问题的答案更加清楚明晰。

在介绍融合性叙事的那部分，我们谈到了那个想要改变的"你"的信息合集，其中包括来访者自身以及周围关心他或试图为他提供关怀的人。焦点解决取向的访谈者欢迎合集中涉及的所有人都来参与对话，至少在咨询的最初阶段，这样可以确定大家如何来为解决之道贡献自己的一分力量。当然，有些人是不会来到咨询室的，那就将其视为缺席的来访者。我们为来到现场的来访者创造空间，让他们替缺席的人讲话："缓刑官会说，她希望你从咨询中得到什么？"正如我们在前面提到的，来访者完全有能力为他人代言，能在对话中借由别人的嘴巴说出不一样的且常常很有用的观点。

有一天一位年轻人来到了社区的即时咨询门诊（walk-in clinic）。他刚刚出过庭，紧接着又去见了缓刑官，而这位缓刑官就在社区门诊大厅的楼下。法官和缓刑官都建议他来寻求心理健康服务，因此他马不停蹄地来了。Lance 一直在努力寻找一些好问题，以了解来访者对这次会谈的希望。最后，来访者用一段话拯救了他[1]，这段话大致引述如下：

---

[1] Gale Miller（私下交流）说，他确信有一个来访者的秘密团体，只要治疗师允许，他们都希望对治疗师有所帮助。这无疑支持了 Miller 的论点。

来访者： 听着，我来告诉你是怎么回事。现如今，他们把每个人都送去咨询一番。可是你知道吗，一半时候他们是对的，有些人一次又一次地回到法庭，他们确实需要想想清楚。然而我……我不需要咨询。

治疗师： 那么，法院希望咨询后能有什么不一样呢？

来访者： 呃，他们觉得我有酒瘾。

治疗师： 那发生什么才会开始让他们觉得酒瘾对你而言不再是个大问题了呢？

来访者： 我猜是不再被拘留了。

治疗师： 你接受了法院的建议？

来访者： 是的，我被判了缓刑，所以我有6个月的缓刑期……

治疗师： 听了缓刑官的建议会对你有什么帮助呢？

来访者： 那样的话，我就不会因为违反缓刑规定而再次出庭了。

一对夫妇正在讨论孩子被儿童服务机构拘押的问题：

治疗师： 如果“10”代表我们已经准备好让孩子回家，而“1”代表他们被从家里带走时的状态，那么你们今天在哪个位置？

母亲： 在10！

父亲： 是……我同意……他们一开始就不应该进去。

治疗师：（关于该家庭都做了哪些努力使得他们觉得准备程度已经达到了10分，大家对此做了深入交谈）个案工作者会觉得你们的准备程度达到了几分呢？

来访者： 嗯……她会觉得差不多在4分。

治疗师： 个案工作者会说，她需要看到发生些什么就会给到5分？

来访者： 他们想要我们换个更大的房子……

正常化

几年前，Lance在单面镜后面协助一次咨询时，来访者说自己“不是一直都百分百自信”。当时治疗师的回应思路是“怎么会呢？”而笔者更想回应的则是“当然不是！”偏好不同回应的原因，也许值得在这里多讲讲。

回顾前面关于“焦点解决式倾听”的评论，现在是时候来对“焦点解决取向的实务工作者如何定位自己的倾听和反思”做进一步讨论了。为了形成对比，我们不妨先考虑一下在更传统的心理健康模式中采用的定位，在这种模式中，从业者坚持以问题为中心。在这种情况下（作者曾在这种模式下工作了多年），治疗师的访谈姿态是倾听问题，心里想着问题去询问进一步的细节：“来访者表现出了哪些问题，将来可以作为治疗的重点？”

焦点解决取向访谈者的定位可以说是与这个例子截然相反。可以这么说，以焦点解决取向为立场就会产生一种完全不同的提问：“来访者所说的这个问题怎么能重新表述成日常生活中遇到的一个麻烦事儿？来访者希望有什么不同和改善？”将人们在治疗对话中遇到的麻烦用更正常化的语言表达出来，蕴含着如下几个意思。

- 首先，焦点解决取向的实践并不太关注问题本身。我们不会把大量的访谈时间花在讨论问题上，也不会为了和其他问题区分而想要给眼下这个问题专门命名，那样更符合问题取向的实践（problem-focused practice）。
- 我们从事的是培育希望的工作，并且我们也认为，比较“临床抑郁症”与“情绪低落”这两种说法，后者的措辞就比前者更有希望开启一段共同建构如何去改变的谈话。我们倾向于用激发乐观态度的措辞来表达烦恼和希望。当“情绪低落”对来访者来说不再是个问题时，我们对来访者自己起的那个名字更感兴趣。焦点解决式会谈致力于将健康的部分凸显出来。我们鼓励形成对成功的积极命名，而让麻烦消失于背景之中。
- 我们的工作假设是，来访者已经具备了一定的能力和认知，这些能力和认知可以成为他们实现愿望的基础。当我们把他们的问题视为日常生活的一部分时，自然就能用同样的语言来理解他们的解决之道。一旦日常生活中开始出现一些不同寻常的事情，改变就足以发生了。一个培植这些不同之处的方法就是直接工作于差异，而不需要干预阶段，也不需要针对问题来制定诊断流程和治疗计划。

- 上述推理并不是要否认来访者也可能有认知或情感方面的严重障碍，比如痴呆症、精神分裂症、强迫行为或社交隔离。然而，在治疗性对话中，引导对话过程的应该是来访者因这些情况而面临的生活困扰，以及那些更重要的东西，即他们希望如何带着这些挑战去更好地生活。

如果不谈一谈焦点解决取向的治疗师如何做诊断，那我们就太失职了。那些依赖于保险公司支付咨询费的从业人员都要提供诊断。因为保险公司遵循的是医学模式，所以要求从业人员证明有必要进行医学上的治疗，这通常意味着要经过有效的DSM诊断。作为焦点解决取向的治疗师，我们当然主张从业人员遵循保险公司的要求以及供职机构的政策。然而，我们要指出的是，具体的诊断，确切地说是病理学上的语言，在对差异进行共建的会话中往往作用甚微或根本不起作用。

首次咨询、二次咨询和之后的咨询

SFBT的第一次咨询从来访者“用语言说出”自己对改变的希望开始。一个小时的咨询可大致分为三个部分，用时比例大致如下：

开始——前40分钟[1]

- 利用TEAM框架或EARS、LSB中的问询路线；
- 主要由来访者讲话；
- 治疗师小心翼翼地让来访者决定咨询节奏，这被称为“退后一步的引导”。

中间——中场休息

- 10分钟；
- 回顾咨询笔记、关键词、机会点，总结陈词（closing summary），包括

[1] 这些时间仅供参考，会根据来访者情况而变动。

正常化、重构声明（restructuring statement）、赞美、衔接声明（bridging statement）和建议。

结束——咨询收尾

- 和来访者反馈总结陈词；
- 与来访者一起决定是否需要再安排预约，还是这一次咨询已经够了。

第二次及以后的咨询与首次咨询的主要区别在于，我们不再问“你的希望是什么？”而是从“什么变得更好了？”这个问句开始。就功能而言，这两个问句的目的是相同的，都是把对话往解决之道的方向推。如果来访者说没有什么变好的，我们要给他们多一点时间来改变主意，然后再回来询问“你对这次会谈有什么希望？”无论对话以哪种方式开始，我们都会按照第一次对话的基本结构来进行。

思考间歇和总结陈词

传统的焦点解决式会谈形式包括在进行到大约四分之三的时候要休息一下。我们会宣布休息片刻，好好思考一下来访者的情况。在离开之前，我们会询问来访者有没有其他事情是需要在第一阶段的谈话中说到的，以防遗漏了重要内容。休息时间，治疗师离开咨询室自己待着或是和观察小组一起工作（如果有观察小组的话）。

在休息期间，访谈者的任务是撰写总结陈词，以便在回到咨询室后传达给来访者并结束本次咨询。这些总结通常是对迄今为止来访者在力求改变的过程中所付出努力的赞美。总结陈词中往往还会有一些正常化的评论，包括把来访者的困扰说成是生活中的挑战，而不是疾病或心理失调的症状。概括一下，总结陈词包括如下内容：

- 两三句有力的赞美。
- 简洁概括治疗师如何理解来访者的处境并将其正常化。
- 建议来访者在咨询后的数天内去尝试或者观察的一些事情。

示例

您决定寻求帮助来解决情绪低落和易怒的烦恼，这给我们团队留下了深刻印象，因为这表明您关心自己的健康，也愿意采取切实的措施来加以改善。您对家人的深切关怀，以及您下定决心不让自己的身体状况“给大家蒙上阴影”，也都让我们印象深刻。您为参加学校的圣诞庆典所做的努力尤其令我们感动，特别是知道您需要付出那么多额外的努力。

在团队看来，您的情况是一个很好的例子，说明了身体状况会给父母和家庭生活带来许多额外的挑战。我们很钦佩您尽力而为的表现。我们想在您接下来的日子里提出一个建议，那就是，我们建议您留意自己在哪些时候会额外努力去做些全家人都想一起做的事情。特别是，我们希望您能留意哪位家庭成员对于您的进步最感到庆幸。

引入思考间歇（thinking break）已经向来访者表明我们的咨询快要结束了。尽管来访者经常会对治疗师在间歇后的反馈给予评论，但这个阶段的主要关注点是治疗师所传达的信息。当然，所有迹象都表明，我们不会再像前面四分之三阶段那样开启互动形式的咨询了。

关于赞美的说明

值得说明的是，在焦点解决取向的实务工作者群体中，对于赞美的使用有不同的看法。有些人倾向于不使用赞美之词，他们认为来访者应该是有能力赞美自己，或者至少是能自我欣赏其优点的。该思想学派主张，治疗师依靠的是会谈的干预能力，而将判断或评价留给来访者。有些人可能会认为，让治疗师保留自己的看法不发表出来，这样能更多地以来访者为中心。

其他实务工作者则认为赞美来访者是很有价值的。赞美来访者的资源、优势和为成功付出的努力，有助于鼓励来访者把已经有用的事情再多做一些，还能给来访者带来希望和期待，使其对未来感到更美好、更满意。有些时候，赞美可以是**间接的**，可能以提问的形式出现：“你是怎么想到要这样做的？”

Campbell等人（1999）建议，在考虑向来访者提供反馈时应考虑五个要素。就像前面建议的那样，对来访者做“**正常化**”，让他们知道自己的体验是非常合理的，所以他们并没有“疯”。**重构声明**（restructuring statement）试图将问题解构为更容易解决的困扰。作者对此做了进一步阐述：

> 许多来访者采用把解决之道加以局限的方式来定义问题，比如化学水平的失衡、虐待性的伴侣、行为不端的孩子或是贴上一个诊断标签。而焦点解决疗法则会通过提问让人们意识到有各种选择。在这一过程中，重构声明就是一系列有效的工具。我们发现了一些反复出现的主题，可以作为思考问题时更有用的视角呈现给来访者。
>
> （Campbell et al.，1999，p.28）

如上所述，“赞美”将来访者的关注点指向了他们的资源、优势和已经采取的行动，尤其是那些有用的行动。**衔接声明**只是使前述内容与后面给的建议能合理地连接起来。**建议**则是来访者在结束咨询后可能会思考、注意或尝试的东西。

总之，在焦点解决式对话中，主持人的行为通常就是在做以下三类工作中的一个：倾听、提问和肯定。这几类干预措施是动态联系的，同时进行，对希望、可能性、能力和解决之道都是有所助益的。尤其在来访者的个人体验开始将对话引向解决之道时，更要用心倾听，然后通过建构提问来进一步聚焦和扩展解决之道的可能性，并对这些部分加以明确的肯定。倾听、提问和肯定三者之间的协同进行将解决之道越来越凸显出来，而将问题逐渐隐于背景之中。众所周知，焦点解决取向的治疗师认为，在SFBT中，与其说问题被解决（solved）了，不如说问题被消解（dis-solved）了。

第4章

微观分析和机会点

微观分析

Janet Beavin Bavelas（2022，p.67）列出了正式的微观分析需要符合以下几点：

- 自发的面对面对话。
- 所有对话者都入镜的录像资料。
- 有对该录像的分析（最好是对数字化录像进行注释）。
- 逐段做细节分析，通常以几秒钟为单位。
- 分析时考虑到不断积累的对话背景。

笔者并不是说本书中对于机会点的微观分析就是Bavelas所描述的正式分析。有鉴于此，我们对于自己所使用的“微观分析”一词是否准确进行了讨论。

我们在最初的论文（Taylor & Simon，2014，p.71）中曾指出：

我们希望强调本研究与研究方法论之间的差异。大多数微观分析研究都力求一致，但像我们这样的研究则想要看到不同之处。这些不同之处为讨论和相互学习提供了素材。

Peter De Jong在本书的前言中写道：

我认为，本书的价值在于作者采用循序渐进的方法详细说明了如何对SF治疗师在建构回应过程中的机会点进行**应用性的微观分析**。

最后，Bavelas（2022，p.199）在其书中谈到了微观分析工具在正式研究以外的应用：

事实证明，我们的对话方法适用于各种重要的对话场景：以计算机为媒介的交流、与孤独症婴儿交流、医疗咨询和心理治疗的对话。其受益范围并不是从基础研究知识单向转换为应用研究这么简单。很快我们就发现了，在非实验室场景中发生的事情既验证了实验室研究，又扩展了实验室研究。

我们的结论是，“对机会点的微观分析”给出了微观分析工具的其中一种应用，即作为提高临床工作者倾听和回应来访者语段能力的一种方式。

在本世纪初，微观分析的主要开发者与焦点解决短程治疗之间的连接迅速发展，笔者有幸积极参与了焦点解决取向的社区活动。这两个领域中的主要方面很自然地同步发展起来。

尽管找到问题的根源算得上是心理治疗和问题解决的传统做法，但焦点解决取向的实务工作者并不看重于此。相反，我们更倾向于在解决之道的表层工作。人们怎么做才能提高思想、情感、行为和人际关系的健康程度？微观分析也倾向于工作在来访者与治疗师互动的表层。那些能被多个观察者看到并做出客观认定的言行里，参与对话的人们究竟说了什么、做了什么，是真正有效的？

Smock和Bavelas（2013，p.14）指出：

> 如果有效的实践是循证研究的终极目标，那么有些研究就要包括对实际场景的研究，即要对实务工作者在咨询中做了什么进行直接的观察。这既合乎逻辑又切实可行。

我们在最初的文章（Taylor & Simon，2014，p.75）中曾经写过：

> Janet Bavelas（私下交流）也有同感，她建议笔者，虽然有些研究倾向于去测量治疗干预的有效性，但对特定干预过程中实际发生了什么进行研究也是有用的。笔者认为，这仍然是对机会点的研究中最有用的应用。作为焦点解决取向的两位资深实务工作者，在从机会点的视角近距离研究咨访双方每个时刻的语段互动时，我们仍然会持续地获得快乐和启发。

将这两门学科结合在一起，就能解决“来访者和治疗师一起说什么、做什么才能促进健康”的问题。由于微观分析能够观察和描述治疗过程中的互动，因此它完美契合了焦点解决短程疗法早期提出的一个问题：治疗师和来访者一起做点什么，才能帮助来访者走出那个导致他们来咨询的困境？奇迹问句、量尺问句以及其他典型的焦点解决式会谈模式，都通过反复被观察和报告的成功案例，在实践中赢得了一席之地。

焦点解决取向的实务工作者看重描述远超过解释。微观分析为描述提供了典型的工具。随着智能手机的普及，我们具有了观察记录咨访双方每时每刻交流互动的能力。治疗师有可能一不留神就会给予解释，但专注于表面的对话确是帮助治疗师重回描述的可靠方法。

SFBT的一个显著特点是访谈者通常会采用来访者的语言。Korman等人（2013）的研究表明，焦点解决取向治疗师的公式化表述里明显保留了当事人的语段（46%）[1]。他们在报告研究结果时指出：

> 我们的第一个假设是，在SFBT取向的公式化表述中，保留来访者原话的比例要高于CBT/MI取向的咨询。结果证实了这一假设，在SFBT取向治疗师的公式化表述里，46%的词语是被准确保留的，而在CBT/MI取向治疗师的公式化表述里，这一比例仅为23%。第二个假设也得到了支持：CBT/MI取向的公式化表述中，由治疗师添加的词语比例（35%）高于SFBT的公式化表述（10%）。
>
> （Korman et al.，2013，p.40）

在焦点解决取向的治疗师通过建构问题、给予肯定以促进对话进展的过程中，我们可以反复观察到他们保留并运用了来访者的某些词汇和短语。这是做SFBT的一个普遍规律吗？——SFBT鼓励从业人员这样做吗？还是说所有好的咨询都是这样的？这与更专家型的（professional-as-expert）做法形成了鲜明对比，践行后者的治疗师可能会优先使用自己的语言和信息。

Froerer（2009）曾经假设，对焦点解决取向的治疗性对话（Bavelas et al., 2000）进行微观分析后会发现，治疗师保留了很大一部分来访者的语言。然而有趣的是，他通过仔细分析发现，治疗师的公式化表述中只对来访者实际的用

[1] 请注意，这个编号适用于分析一位来访者的一次访谈，没必要将其视为所有焦点解决式访谈的编号标准。

语保留了5% ~ 7%。在来访者实际所说的语段总数中，大约有93%到95%都被省略了。

De Jong等人（2013）在文章中写道，其通过微观分析研究说明了心理治疗中的共同建构是如何发生的。两位作者都是焦点解决取向的执业心理治疗师，他们一致认为，SFBT的精髓在于治疗师用来访者自己的语言与其共同建构了可能性和不同之处。

Korman等人（2013）把治疗师对来访者话语的保留分成了四种不同类型：精准性保留、本质性保留❶、变形性保留和添加性保留。从几项微观分析的研究（Froerer，2009; Froerer & Smock，2013; Korman et al.，2013）中可以看出，来访者的哪些语言会被访谈者保留下来并在谈话中继续使用，必然存在着特定的筛选机制。

可能确实会有一些关键词，或者叫“解决之道的关键线索”，在建构差异时显得特别好用。Smock等人（2013）无疑已经识别出了一个线索，他们发现，焦点解决取向的治疗师对积极内容的使用频率明显高于CBT治疗师，这里的积极内容指的是来访者生活中积极的方面。而笔者当下想知道的是治疗师对保留来访者的语言做出选择时，还有哪些关键因素在起作用。

以下是笔者之一与一位来访者之间的对话，从中可以看到一个典型的选择过程。

Lance：我们假设你在奇迹发生后的清晨醒来，不再有消极的看法，你如何开始觉察到这个变化呢？

来访者： 唔，与其像以前那样一醒过来就忙忙叨叨例行公事地度过，我可能会慢慢来，**放松一点吧**。[Lance：很好（点头）]我觉得有压力——一直都有——所以，我可能要**更平和一点**。

Lance：是的，是的，好的。那么，唔，既然你是这样开启了自己的一天——**放松一点**，慢一点，**更平和**——那么这一天会有什么不同呢？

❶ 本质性保留（deictic preservation）是指使用像“那个”或“这个”这样的速记词，而不是照搬来访者的话。

在这段对话示例中，Lance保留了那些用加粗字体标出的来访者的语言，同时也略掉了来访者对问题的陈述。Lance使用来访者的词“放松一点”和“更平和”作为建构下一个问题的关键词。

在我们研究的最初阶段，笔者也运用了微观分析的工作框架，通过检视实际的咨询过程来识别来访者语段中的关键词。通过该过程我们有了两个有趣的初步进展。首先，我们很快就发现，焦点解决取向的治疗师在检视来访者语段时，往往会在一段语段中找到多个备选的关键词。笔者的第一个直觉就是要找出关键词的识别特征。是什么原因使得一个词或一个短语在焦点解决取向的访谈者面前脱颖而出呢？

有些识别标志很明显。举个例子，当来访者说“我希望我能更自信”时，治疗师就会听到“更自信”，然后就会询问“自信”会有哪些具体表现。从逻辑上讲，“更自信”是一个指标，表明已经有了某种程度的信心。

而有些识别的标准则更为微妙。当来访者说“我夏天大多数时候都很抑郁”时，治疗师听到“大多数”这个词后，可能就会询问来访者在少数没那么抑郁的时间里会有什么不一样；从逻辑上来看，“大多数”就意味着“不是所有时候”，这意味着一定有一些时候抑郁情况缓解了。

我们努力了一段时间，想要找出关键词的识别特征，然而进展却越来越不乐观。备选的关键词貌似无穷无尽。因为关键词本身就种类繁多，所以对应的识别特征也多如牛毛。识别关键词的特征清单呈指数级增长。事实证明，想要对各式各样的标准分门别类简直是蚍蜉撼大树。

机会点

Janet Bavelas是对治疗性对话进行微观分析的世界级领军人物，她和她的团队慷慨地为我们的焦点解决社区成员提供了丰富的培训和支持资源。Bavelas为笔者的关键词项目提供了顾问支持。

在项目初期，我们安排了一次会面来讨论关键词过多难以管理的问题。她以最焦点解决式的风格，建议我们考虑使用“机会点”一词。如果我们假定，在来访者的任何一段语段里，焦点解决取向的实务工作者都能从中听出几个可以下手的机会点，也就是能为制定解决之道提供可能性的几个词或短语，那又会如何呢？

这次对话的结果令人耳目一新，而且至关重要。在诸多收获里，笔者还发现自己在研究倾向上的调整，即从对定义标准的深入研究转向了将来访者的对话更简化和表面化。我们不再对备选关键词的各种可能性和巨大数量感到困惑了，而是简单地接受了一个表面现实，即治疗师做出有效回应的可能性太多了。

我们确定，在焦点解决式会谈中，来访者的每一句话都可能包含若干个出手干预的机会点。这一进展极大地改变了我们的探求方式，使我们不再只盯着怎么识别来访者语段里的关键词了，而是认识到了选择的存在以及可以做出选择的意义。

“机会点”一词似乎还有另一个有用的含义。在普通的英文里，当我们用到“机会点”这个词时，通常暗示着这个机会是“为了什么”。比如，好餐馆的菜单提供了享用美味佳肴的机会，好学校的课程提供了宝贵的学习机会。换到笔者感兴趣的语境里，来访者发起的机会点就是在倾听、提问和肯定的范围里采取焦点解决式行动的机会。

这些进展大大简化了研究，代表了一种转变，这种转变一直以来都呼应了焦点解决取向的实务工作者所重视的极简主义理念（minimalism）。我们两位作者都是经验丰富的焦点解决短程治疗师，掌握了一套相当全面的会谈方案。我们在焦点解决式会谈的行动方面训练有素、经验丰富，带着更清晰、更注重表面的观察框架，回到了对来访者实际对话的研究中。现在，由三部分问句形成的一组提问正指导着我们的工作：来访者的一句话中有哪些机会点？对每个机会点而言，有哪些可能的治疗行动？我们最终选择这种干预的理由是什么？

正如在心理治疗和其他努力建构解决之道的例子中常见的一样，机会点在我们的项目中也成为一个转折点，它引领我们对心理治疗的谈话进行了多年的研究，并与他人分享了这一理念。此前我们已经将这项工作整理出版了（Taylor & Simon，2014）。为了更详细地描述该过程，我们需要先来看一些定义。

相关术语

笔者发现，来访者会使用一些词语来表达他们对于心理治疗的希望，而某些术语可以帮助我们与来访者共同建构这些词语的意义。

语段

“我们将‘语段’定义为说话的转换——说了一段话之后通常会跟着沉默和/或说话者的更换”（Taylor & Simon，2014，p.65）。例如：

治疗师的语段： 你对我们合作的最大希望是什么？

来访者的语段： 我最大的希望……我知道我在92、93年的时候找你咨询过，显然我和你咨询得还挺好，尽管如此，我不认为我已经抵达了自己需要到达的地方，如果我到达了，那我现在就不会在这里了。

治疗师的语段： 那么，那是哪里？你怎么就会知道自己到达了想去的地方呢？

在这个例子中，语段的划分非常清楚。这是一个轮流发言的例子，每个参与发言的人在下一个回应之前都表达了一个完整的想法。

而在常规的会谈过程中，对话常常会被打断，想法表达得也不完整。下面就是一个语段划分得不那么清楚的例子。

治疗师的语段： 当我们通电话时，我问了你一个问题——关于你最大的希望。当你离开以后——今天或者明天或者后天，你怎么知道这会对你有用呢？

来访者的语段： 探索并有所收获，那就是我所追求的。

治疗师的语段： 那是什么东西呢？

来访者的语段： 就是一种生命的体验。我最大的问题是我的第一次婚姻（治疗师：对）。我结婚时21岁……

治疗师的语段： 在你谈这个问题之前（来访者：是），你说到了关于生命的体验。多和我说一点，是什么让你觉得这种体验与众不同？

在这个例子中，治疗师的插入语“对”和来访者的插入语“是”都没有直接结束对方的语段。然而，治疗师在下一轮对话中打断了来访者的话。尽管来访者表达的想法是不完整的，也就是说，来访者的思绪被打断了，但这仍可被视为一个语段。

建构解决之道

建构解决之道是治疗师与来访者合作并共同建构的过程，其关注来访者的个人资源和社会资源，关注问题的例外情况以及来访者更满意的未来愿景。建构解决之道是 SFBT 的一个关键概念。作为培训师，笔者经常被问到某个特定的干预是否算是焦点解决式的干预。其实这不太重要。Joel对此通常的回答是：你不太可能因为问了不是焦点解决式的问题就被焦点解决警察逮捕了。

是否算是焦点解决式的提问，只是基于理论的语言游戏的一部分。在这种情况下，特定理论的规则决定了什么符合或不符合该特定理论。这些规则是在和来访者工作之前就已经存在的。相对的，焦点解决取向的实务工作者则是通过干预所引起的回应来确定干预是否有用：此回应是在建构解决之道吗？至于什么属于解决之道的建构，这个问题则根据来访者的反应来事后确定。de Shazer（私下交流）指出，在来访者回答之前，我们永远不知道自己问的什么问题。

焦点解决短程疗法里的“焦点”，指的是聚焦在倾听上，以及鼓励我们通过问出的问题来讨论解决之道。治疗师选择做出的回应并不是中立的，而是基于治疗师的倾向——其术语叫作“词汇选择”。焦点解决取向治疗师的词汇选择是要倾听来访者，寻找解决之道的线索。

这些线索有两个目的。第一个目的是共同建构例外情况的意义，即问题在来访者的生活中不那么重要或完全不存在的时候。另一个目的是澄清、共同建构和详细说明来访者的治疗目标。De Jong和Berg（2002，p.16）指出：

> 建构解决之道的会谈在很大程度上是围绕着有用的活动展开的。首先是在来访者的参考框架内制定完善的目标；其次是根据例外情况制定解决方案。

下面的对话就是解决之道建构过程的一个例子。

治疗师：（问了奇迹问句。）

来访者： 也许……有时我醒了会有点紧张，我知道此时我得去上班了——而上班会手忙脚乱的。如果一觉醒来，我更放松了，心想：“好吧，又是工作的一天。”我会想着我的工作还有压力源……我有很多压力……

治疗师：（打断）再往前点。此时你醒了，你说你会更放松，对工作有了不同的想法。那么，你的想法会有什么不一样呢？

来访者： 有时我早上起床，脑子里总想着那些不得不去做的事情，也许我只是起床后看看躺在床上的妻子。我总是清晨起床，洗个澡，准备准备，做好要带的午饭。也许我只是起床后想一想，“我是在家里，我不是在工作。一切都应该是平和的，一切都应该很美好”，**早上通常都是这样的。我早上起床时，家里通常很安静。我喜欢这样。**

治疗师： 所以，当你早上醒来的时候，你不会去想工作。你更像是会享受当下，享受……

来访者： 享受平和宁静，**我喜欢这样。**

在这个例子中，“奇迹问句 ”帮助来访者共同建构了发生变化的微小细节。来访者将变化融入了他的日常生活轨迹里：起床、洗澡、享受平和宁静。

与此同时，专注于早晨这段平和的时光将有助于他为那些觉得很有压力的工作做好准备。

把解决之道的识别和解决之道的建构加以区分可能会有帮助。在这个例子中，建构解决之道包括识别例外情况和来访者想要有哪些改变。除了识别之外，还有治疗师通过提问，帮助来访者基于想要的改变和例外情况，以能实现变化的方式进行建构。

正如使用奇迹问句时经常发生的那样，来访者会自发地把想要的未来和确定已经发生的点滴奇迹交替描述出来。在这个例子中，来访者说到的例外情况用加粗字体做了标记。建构解决之道就是治疗师和来访者一起对例外情况和想要的未来赋予有用的意义的过程。

建构解决之道的指南针

指南针是帮助人们找到方向并保持正确方向的工具。一个人无论朝向哪个方向，指南针的指针都始终指向北方，这样能使我们朝着积极的方向前进，避免迷路。

我们发现，这是一种考量焦点解决式会谈的有用方法。建构解决之道就是指引我们和来访者共同建构有用会谈的那个指针。SFBT的工具和格式的优势就在于，它们为会谈提供了一致的方向，使得我们能沿着解决之道建构的道路前进。Gale Miller认为（私下交流），像“奇迹问句”和“量尺问句”这样焦点解决式的工具就是“锚”（笔者在此对比喻的混用表示歉意）。他的意思是，一旦用过这些工具，那就能一直拿出来反复用。例如：

治疗师： 那么，起床之后你会做什么？

来访者： 通常我会准备学习，或做类似的事情。

治疗师： 那么，如果奇迹发生在你的学校，你会看到什么样的蛛丝马迹呢？

来访者： 更正常的一天吧——绝对是更正常的一天。

治疗师： 此话怎讲？

来访者： 我有一种焦虑感，担心自己永远也做不完。更正常就是，我把自己的重担卸下来。然后我就停下来了。

治疗师： 那么，奇迹之后的这一天会发生些什么？

来访者： 我会做我该做的事——好好学习。

治疗师： 你会想什么或者做什么，会让你发现这个奇迹的蛛丝马迹？

来访者： 比如我会想得更好些，而不是想着"我永远也做不完"——就是一些积极的想法。这就是蛛丝马迹——这就是奇迹的蛛丝马迹！只是一些积极的想法，积极地去思考。

来访者： 什么是"积极地去思考"？

治疗师： "我会做完这件事的。你会做到的。你会搞定这一切的。"

在这次咨询的末尾，来访者提出了一个问题。曾经虐待过她的前男友，现在还经常通过短信联系她，于是她叙述了这个情况是如何使她焦虑的。

治疗师： 我想回到奇迹的话题上，如果奇迹发生了，前男友又联系你，那有什么会告诉你奇迹已经发生了？

来访者： 我真的就只是看看这条信息，移开视线，然后再也不去想他了。

治疗师： 你不会再去想他了？

来访者： 是的，我再也不会去想他了。以前也发生过这样的情况，他给我发信息，我完全可以（摆摆手）……

治疗师： 你是怎么看待那条信息的？

来访者： 我只是觉得，他是个可怕的人。

焦点解决式会谈很少是线性推进的；来访者经常在问题式谈话和解决之道式谈话之间迂回往复。若要将问题式谈话转变为建构解决之道的谈话，那么重新锚定在"奇迹问句"就是一种有效的方法，也是解决之道指南针这个概念的例子。

治疗师对于会谈的进展方向很清晰。哪怕谈话在开始时是朝着不一样的、更聚焦于问题的方向进行的，治疗师也可以使用"指南针"重新指引会谈、重新确立建构解决之道的路径。这种情况在使用量尺问句时也经常发生。下面这个例子中，来访者的丈夫在长期患病后去世了。

治疗师： 如果我有一个从0到10的量尺，10代表奇迹，0代表最糟糕的情况，你认为现在的情况在几?

来访者：（叹了口气）在3。

治疗师： 3——那3和0有什么不同?

来访者： 你知道，我们是在家里照顾我丈夫的，但他经常会因为这样那样的问题进出医院。在照顾他的时候，我们甚至没有时间思考，也几乎没有时间吃饭或做任何事情，因为我们太忙了，也太担心了。而现在，我们有时间去担心、去悲伤和思考了……所以，似乎现在比我丈夫活着时更艰难了。

治疗师： 所以，3是因为你很高兴他没有遭罪。

来访者： 他没遭罪。

治疗师： 还因为你很确信自己已经尽了全力。还有什么是帮你升到3的?

来访者： 现在我可以把自己的健康放在心上了，我能开始关心自己了。以前，我不在乎自己的生死。但是现在，我觉得我想要活下去。

治疗师： 因为什么?

来访者： 因为我的孩子们，我身边有很多孩子陪着我。

在这个例子中，来访者开始时以聚焦于问题的态度来阐述 3 的含义。Joel首先重新锚定了奇迹，然后继续重新锚定3，和来访者共同建构 3 与 0 的不同以及3比0变得更好的地方。对话的最终结果是来访者认识到了自己决定继续活下去的理由。由于Joel遵循了焦点解决的基础模板——预咨询、奇迹和量尺问句，所以他一直知道自己在哪，也一直知道自己希望会谈朝哪个方向推进。下面的例子为大家示范了治疗师如何邀请来访者进行建构解决之道的会谈。

治疗师： 那么，你最大的希望是什么?

来访者： 我想过这个问题。这不是我第一次做心理治疗。这是我第二次选择来见治疗师，自愿来的。之前我是被迫的。不过我还是希望能有多点好日子，少点坏日子。我被诊断为强迫症（OCD）了，（Joel：

嗯哼）这就是让我感到困扰的地方。（Joel：嗯哼）但我的焦虑变得更严重了，所以我希望最终能够意识到让我焦虑的触发因素是什么，并防止……防止焦虑发作。类似这样的事情。

笔者认为，来访者的每一句话都给治疗师的回应提供了机会点——即使乍听之下来访者的话是聚焦在问题上的。在刚才这个例子中，从来访者的话语里能找出各种各样的机会点：

1. 我想过这个问题。
2. 这不是我第一次做心理治疗。
3. 这是我第二次选择来见治疗师，自愿来的。
4. 之前我是被迫的。
5. 不过我还是希望能有多点好日子，少点坏日子。
6. 我被诊断为强迫症了。
7. 我的焦虑变得更严重了。
8. 所以我希望最终能够意识到让我焦虑的触发因素是什么，并防止焦虑症发作。

每个机会点都为后续回应提供了可能性，无论治疗师选择哪个机会点来回应，都会决定会谈的进展方向。我们会在后面第5章展开谈如何选择机会点、来访者给我们提供了哪些选项以及我们如何决定回应的时候选哪个和不选哪个。

关键词和短语

De Jong和Berg（2002）提出了要对来访者说的关键词进行呼应的理念，这样可以彰显对来访者的尊重，也可以引发对来访者经历的详细描述，还能聚焦在来访者重复使用的特殊词语和短语上，而这些词语和短语在制定解决之道时可能具有额外的价值。本书作者缩小了关键词的定义范围：“作者将关键词定义为来访者所说的能够用于建构解决之道的词或短语。”（Taylor & Simon，2014，p.68）

当来访者谈到他们希望与我们的谈话能带来哪些变化和进展时，我们就会把这时候的关键词或短语视为核心主题。大多数情况下，这些关键词和短语也是在暗示整个咨询过程的核心主题。当来访者被问及他们对积极改变的期望时，这些关键词和短语常常是在咨询的开始阶段就被表达出来了。

下列例子用粗体标示了关键词和短语：

- “我不认为我达到了**我需要达到的程度**。”
- “我想有那种**进步**的感觉。”
- “无法**顺利进行下去**。”
- “**好日子**多过坏日子。”
- “也许能把我所有的感受**都理清楚**。”
- “他会想要帮我**渡过难关**。”
- “我再也不用去精神病院了，**我会变得更正常**。”

关键词和短语为治疗师提供了一个机会，即可以通过共同建构差异的细节来扩充对于改变的表述。在上面的一个例子中，来访者说完“我需要达到的程度”后，当然就可以跟着询问若他达到了会有些什么具体指标了。

在Joel担任临终关怀丧亲服务部的主任期间，他经常听到来访者说“渡过难关”或“恢复正常”这样的话，这些都是建构解决之道的线索。然后，一个简单的过程就是与来访者共同建构改变的细节——让“渡过难关”和“恢复正常”这样的关键短语具有意义。

两位作者都在他们的培训中融入了关于机会点的训练。在受训者完成了一段语段的微观分析后，我们也得到了类似的反应。一旦他们看到白纸黑字的结果，就会惊叹于来访者对于愿意认真倾听他们讲话的治疗师竟然提供了如此丰富的可能性。

对机会点进行微观分析

下文介绍了我们最初对于机会点进行协同工作的过程。尽管协同工作很有价值，但我们也同样推荐个体分析。咨询录像一直以来都是一个富有成效的学习工具。而回看自己的工作录像与回看其他治疗师的工作录像学到的东西是不同的。

对机会点的个人微观分析还具有额外的优势，即学会识别来访者为建构解决之道的回应所提供的机会点，还能在实践中提高识别可能性和制定可能的应对策略的能力。在回看自己的咨询录像时，治疗师无须同时主持实时的会谈，这样就可以慢慢看、慢慢分析，对有意思的地方多做几次品评，并能结合访谈中其他部分的背景来重新反思个体情况。

微观分析的放大效果给回放录像提供了独特的增强功能。专注于谈话中的细微之处就总能发现我们当时没能注意到的事件。如果再加上一个导向性问句，则会产生“更加精确的聚焦”，比如“这里的机会点是什么？”“这里是如何打断来访者的？”或者“这里是怎么把肯定‘传递给来访者并使其接受的’？”这可以很好地转化为具体技能的培养。

对机会点进行合作性微观分析的训练包括以下几个步骤：

1. 选择一次治疗谈话的录像：
    - 两名或两名以上分析师商定好对录像中的一段进行分析。
    - 每人完成一份转录，划分成不同的语段。
    - 分析师们以线下或线上的方式碰头，最终确定一份转录，再参考回放录像以解决观察中的任何分歧。

2. 每位参与者分别进行分析：
    - 用临床记录表进行记录分析。
    - 注意只有来访者的语段被编号。
    - 治疗师说的话在很大程度上被忽略，在本练习中最好被删除。
    - 分析师每次分析一个语句，在图表中回答以下问题：
    - 这句话中有哪些机会点？
    - 对于每个机会点，治疗师可能的回应是什么？
    - 首选哪种回应？

- 选择的理由是什么？

3. 两位分析师碰面，逐列分享他们的分析结果：
   - 彼此以好奇的口吻互相探讨对方的结果，而不是争论哪个答案更“正确”。

下面举例说明我们给语段做图表的格式：

语段1：我需要释放一切。我一直在累积、累积。我开始对不该发火的人发火。我变得——不能说生气吧——但我很快就会变得沮丧，所以这时我就不是那个最佳人选了。我变得很沮丧。我没法让自己平静下来。我只是……只是变得相当鲁莽。

为了向大家具体演示，Joel和Lance在第5章里呈现了一段真正的微观分析。

表4.1 我需要释放一切

机会点	可能的行动 *=首选	理由
1. 我需要释放一切。	1a. 释放一切会带来怎样的不同？ 1b. 是什么告诉你，你已经释放得足够多了？ 1c. 有没有什么时候，你感觉不到释放的需求？ 1d. 你想要做点什么不一样的？	
2. 我一直在累积、累积。	2a. 你是如何发现自己想要的东西与一直累积的不一样？ 2b. 假设奇迹发生了……你会去做点什么，而不再是一直累积？	
3. 我开始对不该发火的人发火。	3a. 3b. ……	
4. 我变得——不能说生气吧。	4a. 4b. ……	

续表

机会点	可能的行动 *=首选	理由
5. 我很快就会变得沮丧。	5a. 5b. ……	
6. 这时我就不是那个最佳人选了。我变得很沮丧。	6a. 6b. ……	
7. 我没法让自己平静下来。	7a. 7b. ……	
8. 我只是……只是变得相当鲁莽。	8a. 8b. ……	

第5章

机会点的微观分析：机会点分析示例1

介绍

本章和第6章描述了本书两位作者进行的一项微观分析。一共选择了十个语段：来自与同一位来访者的两次会谈，每次会谈选了五个语段。首先，每位作者使用第4章描述的程序对每个语段各自独立进行分析。之后，两位作者在一起对他们各自的分析结果进行展示、比较、对比和讨论。以下是他们的分析结果的并列对比，以及他们之间的对谈文字记录。

读者会发现他们所分析出的机会点数量略有不同。原因一是每位实务工作者对来访者语段的理解不同，原因二是他们的练习方法略有差异——有的人充分挖掘出每一个机会点，而有的人精选出可能性更高的机会点（所以列出的机会点的数量就会少一些）。在阅读过程中，我们要注意的是，被一个分析者标注为机会点4的内容里可能包含被另一个分析者标注为机会点2的相同内容。

除了对本章内容进行阅读学习之外，读者还可以用本章来做实践练习。如果你对练习感兴趣的话，可以把作者的分析遮盖起来，写一写你自己会选择的机会点、可能的回应、首选的回应和你的理由。

分析示例：会谈1

语段1

我想过这个问题。这不是我第一次做心理治疗。（J：好的）嗯，这是我第二次选择来见治疗师，自愿来的。（J：嗯，嗯）之前我是被迫的。（J：好吧）（听不太清）（笑）嗯，我还是希望能有多点好日子，少点坏日子。

表5.1 我希望能多点好日子，少点坏日子

#	机会点 Lance	可能的回应 （首选 = * ）Lance	机会点 Joel	可能的回应 （首选 = * ）Joel
1	我想过这个问题。	1a：那很好啊！ 1b：具体说说，你发现思考些什么会对你有用？	我想过这个问题。	1a：感谢你花时间认真思考我的提问。 1b：你得出了什么结论？ 1c：你思考了哪些会带来改变的事呢？ 1d：思考之后你已经开始做了哪些改变？
2	这不是我第一次做心理治疗……嗯，这是我第二次选择来见治疗师，自愿来的。	2a：你没放弃，坚持来了。 2b：是什么如此重要，让你要继续来？	这不是我第一次做心理治疗。	2a：在那之后，你仍选择了再次尝试做心理治疗。 2b：你希望这次会有什么不同？ 2c：以往的治疗中哪些是有帮助的，哪怕只有一点点？ 2d：这次需要有些什么不同就会让你觉得这次来对了？
3	我还是希望能有多点好日子，少点坏日子。	*3a：奇迹问句。 3b：你如何就知道你度过了一个好日子？ 3c：你如何就知道好日子已经足够多了？	嗯，这是我第二次选择来见治疗师，自愿来的。	3a：啊，所以你之前是被迫的，但这次是你自愿选择来的。 3b：是什么让你认为这次可能会有所不同？ 3c：是什么让你觉得这次自愿选择治疗会比之前被迫接受治疗要好？ 3d：哪种对你来说效果更好——自愿还是被迫？
4			我还是希望能有多点好日子，少点坏日子。	*4a：在你认为的好日子里，会发生什么？ 4b：有哪些时候，那些看似糟糕的日子实际上变成了好日子？ 4c：除了你自己，还有谁注意到你正在度过一个好日子？ 4d：你说了什么或做了什么，让别人从中知道你正在度过一个好日子？ 4e：能让好日子保持下去的是什么？

会谈1，语段1：讨论

分析Joel的临床记录表

Joel：我是从你那里学的1a，我觉得那可能是你会说的话。在四个机会点中，我选择了第四个——“我还是希望能有多点好日子，少点坏日子”。在可能的回应中，我选择了“在你认为的好日子里，会发生什么？”原因是这开启了邀请来访者进入构建解决方案的对话。好日子也是问题的例外，并且暗示这个过程很简单：既然好日子已经在发生了，就找出如何能拥有更多的好日子。机会点4中的其他几种回应提供了有用的后续问题，可以让构建解决方案的对话继续进行。

Lance：4c和4d引入了他人的观察视角，这很不错，我发现这样的问句通常很有力（J：对）。所以，我觉得提问好日子里发生会哪些事情是这五个回应中最基本的那个。正如你所说，提问可以一个带一个。一旦你回答了4a，你就可以继续……

Joel：我最终会到达4c或4d。一旦我了解了有关好日子的细节以及她在其中的作用，我会问什么能让好日子继续保持下去。我也想聚焦于4e。这与我选择提问的方式有关。因为我其实也可以问“你可以做什么让好日子继续好下去？”那也是一种选择。但我更偏向于问“能让好日子保持下去的是什么？”——这是为了打开各种可能性，而不仅局限于她做了些什么事情。我们的一个假设是变化可能来自许多不同的方面——不仅仅是人们的行为。要打开各种可能性，探索什么会有助于好的情况的保持——也许是她的男朋友，也许是她的父母，也许是她的工作，也许是对她而言任何可能的支持。

Lance：比较一下4a和4e，4a是一个更宽泛、开放的提问，为来访者留下了更多陈述他们的理解和观察的空间，而不是由治疗师为他们缩小或指定范围。

Joel：通常当你问4a时，得到的回答会隐含着问题4e的答案。

Lance：对我来说，在我的问句分类中，4a更多是一个询问细节的问句，而

4e是一个能动性问句。

Joel：我也使用类似的术语。我用的是“愿景问句”（“它看起来是什么样的？”）与“能动性问句”（“它是怎么实现的？”）。

分析Lance的临床记录表

Lance：对于你说到的对机会点1的回应，我首先想到的是回她“那很好啊”。所有可能中，我倾向于选3a，理由是这是来访者的语段中最有“希望”的机会点。我们似乎对此达成了共识。奇迹问句（包括可能带入的奇迹日提问）为“多点好日子，少点坏日子”的进一步“言语化”提供了最开放的空间。这与你选择询问好日子的迹象是类似的。

Joel：当我听到“我还是希望有多点好日子，少点坏日子”这样的回答时，就准备问奇迹问句了。我立刻会想“好的，那就是奇迹”。我觉得你的直觉很准，这是一个提出奇迹问句的点。

Lance：是什么让它从所有机会点中突显了出来？其他的机会点也不错，但它们没有这个那么有希望，因为它们似乎没有这么直接地针对解决方案。而“我还是希望有多点好日子，少点坏日子”是她自己说的她想要的结果。

Joel：这就是她的愿景。当她说她希望有多点好日子少点坏日子时，你听到的是“多点”。由此推断，“嗯，如果是想‘多点’，那说明好日子肯定已经存在了”。

Lance：可能是的，区别在于好日子更多了。这表明即使好日子较少，她也有。她使用“多点”这个词也让我印象深刻。我可能会问的一个问题是“你怎么知道什么时候足够多了（多点好日子，少点坏日子）？”这样我们就不必抱有所有的日子都得是好日子的幻想。

Joel：我猜你可以问，“有多少就足够了，以至于你可以认为自己不再需要这样做了？”我们并不期待所有的日子都是好日子——那么怎样就是足够好了？

Lance：这是一个机会点，它体现了语言的模糊性以及我们要如何处理它。如果你只是停留在她说的——“我还是希望有多点好日子，少点坏日子”——就会禁不住想问这样的问题，“现在的比例是多少？”“在过去的七天里，有多少是好的，有多少是坏的？”除非了解到那个详细程度，否则她谈论自己的方式就是自我限制的。她似乎在说，她的坏日子比好日子多——这几乎没有证据。我们其实并不清楚是怎样的。

Joel：有些问题，焦点解决取向的治疗师是不会问的，你不会说“跟我多讲讲那些坏日子的事吧”。我很好奇，你为什么没选“之前被迫去做治疗”这个点。

Lance：我觉得这个点更像是问题导向的。

Joel：我在看我写的对这个点的回应，“是什么让你认为这次可能会有所不同？”以及“是什么让你觉得这次自愿选择治疗比之前被迫接受治疗要好？”我觉得这样回应是可以的。

Lance：哦，是的。我对相关语段的回应也有跟你类似的思路。所以，我可能回应的是赞美，“你没放弃，坚持下来了”以及“是什么如此重要，让你要继续来？”

Joel：“你一定认为再试一次是个好主意”（两人都笑了）。

Lance：是啊，有些事是你可以去做的，无论是被迫的还是自愿的。

Joel：我喜欢这个练习的原因是它真的能锻炼我的大脑，从最不可能的机会点中寻找可能性。这是一种脑力锻炼。

Lance：我们把它作为一个练习来看。

Joel：从机会点分析的角度来看，我觉得第二次会谈更困难些。通常，第一次会谈往往更偏问题导向，这是大多数来访者来时的期盼，他们就想和你谈论问题。第二次会谈，至少在这个案例中——情况并不总是这样——更多的是在讨论解决方案。我要多次提醒自己“别说话”——“让来访者说”。

Lance：当从另一个角度去理解这个事情——这个关于“被迫”的事情，它就增强了我的兴趣。你原以为一个被迫干了某事的人，他们最不愿意做的就是再去干同样的事。所以这引发了你去思考，这个人怎么会对此事赋予了如此高的价值，并且愿意去做出一些改变（即便过去是被迫的）。你会好奇是什么使她自愿选择再去做这件事并认为这样会更好。一旦你听到来访者对一个机会点的思考及其能从中获得的意义，那么更多的可能性就出现了。

Joel：如果她最后没有说出“我还是希望多点好日子，少点坏日子”这句话，那我可能就会选择询问她有关自愿来治疗的问题了。

Lance：“现在，你自己选择了这样做”，这种说法确实能强化希望问句，“现在，你在深思熟虑之后自己选择了这样做，那么你希望从中得到什么呢？”

语段2

我被诊断为强迫症了。（J：嗯哼）这就是让我感到困扰的地方。（J：嗯哼）但我的焦虑变得更严重了，所以我希望最终能够意识到让我焦虑的触发因素是什么，并防止……防止焦虑发作。类似这样的事情。

表5.2　我被诊断为强迫症了

#	机会点 Lance	可能的回应（首选 = *）Lance	机会点 Joel	可能的回应（首选 = *）Joel
1	所以我希望最终能够意识到让我焦虑的触发因素是什么，并防止……防止焦虑发作。	1a：开始有计划了，这很好！ *1b：你觉得当你能防止焦虑发作时，取而代之会发生什么？	我被诊断为强迫症了。（J：嗯哼）这就是让我感到困扰的地方。	1a：对此，你希望在哪些地方能有所不同和改善？ 1b：先放下别人给你下的诊断，你自己怎么想的呢？ 1c：哪些最微小的迹象会让你知道这不再会困扰你了？ 1d：有什么时候它是不困扰你的？
2	类似这样的事情。	2a：我很欣赏你的灵活性、能接受进展的方式可能是多样的。 2b：能表明你正朝着那个方向前进的第一个小迹象会是什么？	但我的焦虑变得更严重了。	2a：有什么时候，它一开始变得更严重，但之后又好转了？ 2b：表明事情开始好转的小线索是什么？

续表

#	机会点 Lance	可能的回应 （首选 = * ）Lance	机会点 Joel	可能的回应 （首选 = * ）Joel
3			所以我希望最终能够意识到让我焦虑的触发因素是什么。	3a：能感知到你焦虑的触发因素，这会有何帮助？ 3b：你曾经感知到触发因素时，它带来了什么不同？ 3c：有什么让你认为自己是可能感知到触发因素的？
4			并防止……防止焦虑发作。	4a：类似于2a。 4b：类似于3c。 4c："防止焦虑发作"？ 4d：能表明你开始预防这个情况发生的最微小迹象会是什么？
5			类似这样的事情。	5a：好的，类似这样的事情——还有什么？ 5b：强迫症的诊断、触发因素、焦虑——你是希望这些能发生些改善和变化吗？ *5c：类似于5b，但再加上"在这几个当中，哪个是最有可能首先发生改变的？"

会谈1，语段2：讨论

分析Lance的临床记录表

Lance： 我选择了第1个机会点，并且在该机会点的两种可能回应中，选择了1b。理由是这个机会点最能指向一个有意义的差异。我会把1a和1b结合起来使用，以引入一个重要的转变——关注会出现的是什么，而非什么会消失。在我们的工作中，我认为这是一种有效的区分。当她说想要防止焦虑发作时，那就是她希望会停止/会消失的事情。我们要协助来访者去思考当问题没有发生的时候，是什么替代了它。这种提问就是协助来访者去做这样的思考的。

Joel：我也赞同你认为第2个机会点（“类似这样的事情。”）没那么有价值。你把一个看似没那么重要的机会点变成了有用的（见2a和2b）。

Lance：我在来访者的那句表述（Lance，机会点2）中没看到什么有用的东西，但这是一个很好的练习。我认为在实际工作中我不太会使用那个机会点，但在练习时可以让自己试试“这个机会点可以怎么用”，这还挺有意思的。

分析Joel的临床记录表

Joel：我选择了“我被诊断为强迫症了”这个机会点。在选择哪种回应上我有些为难，因为有几个回应我都挺喜欢的，最终选择了5c作为我的首选回应。机会点3和机会点4都会是我的第二选择，因为它们都指向了差异，但它们仍然是陷在问题之中的。我喜欢5c的原因是它创造了选择的假象（illusion of choice）[1]。我以前使用过这种“自助餐”式的问题和构建解决方案的提问，让他做选择，然后继续询问对方“哪一个改变产生的影响最大？”当来访者带来的问题有很多时，我通常会这样做。

Lance：我还想补充一点，除了创造选择的假象之外，我们认为应该尝试让一个小的改变先发生。一旦改变开始，往往会滚雪球般地带来其他变化。在筛选机会点时我们要去看：这些机会点中哪一个最有可能直接带来一些不同，让我们最迅速地开启改变。

Joel：我们通常会凭借自己的直觉。哪一种选择能够让来访者尽快达到他们想去的地方？

Lance：这可能是一个有趣的研究问题——我们有哪些标准，或者我们收集了哪些原则来判断什么才是一个好的机会点？我认为我们是在那些原则的指导下工作的。

Joel：我们可以分别列出选择和选择的理由，然后看看它们之间有什么联系。这应该很有意义。

[1] “选择的假象”是一种干预手段，它给来访者提供了选择并预先假定其中存在一个首选。在这个案例中，来访者要选择哪个改变会先发生，并且无论她选的是哪一个，都将发生。

Lance： 这可能会揭示我们是按照什么原则来做选择的。我认为这也是我们要写下选择背后的理由的原因之一。当我写理由时，我通常列出一两个原因。当我谈论你做了什么时，我也可以看到你的推理。所以似乎更多的标准浮现出来了。

语段3

我想我的焦虑没那么严重。（J：哦，真的吗？）是的，我想……我……好吧，我想……嗯……有些日子……所以我知道我今天要来这儿。（J：是吗？）所以昨天我为此做了准备，我让自己做好准备。（J：是的）所以我确保我早早上床睡觉，是的，我确保我知道第二天早上要做什么，我知道……嗯……我想这样的话会更有规律。当我那样有规律的时候，我会更开心。（J：嗯）而不是我熬夜看电视——看电影或打电子游戏，然后很晚睡，然后第二天就感觉不好。

表5.3 我想我的焦虑没那么严重

#	机会点 Lance	可能的回应 （首选 = *）Lance	机会点 Joel	可能的回应 （首选 = *）Joel
1	我想我的焦虑没那么严重。	1a：告诉我它有哪些好转了？ *1b：你怎么知道它没那么严重的？	我想我的焦虑没那么严重。	*1a：当你的焦虑好转时，有什么不同？ 1b：你是怎么让自己的焦虑好转的？ 1c：你第一次注意到自己的焦虑没那么严重是什么时候？
2	我为此做了准备，我让自己做好准备。	2a：那很好啊！ 2b：你是怎么知道要做哪些准备的呢？	我想……嗯……有些日子……所以我知道我今天要来这儿。（J：是吗？）所以昨天我为此做了准备，我让自己做好准备。	2a：做好准备是有帮助的吗？ 2b：当你做好准备时，有什么不同？ 2c：做的哪些准备是最有帮助的？ 2d：你为今天做好了准备，那到目前为止这带来了什么不同？

续表

#	机会点 Lance	可能的回应（首选 = * ）Lance	机会点 Joel	可能的回应（首选 = * ）Joel
3	我确保我知道第二天早上要做什么。	3a：你怎么意识到提前做计划是有好处的？	所以我确保我早早上床睡觉，是的。	3a：你是怎么知道这样做会带来改变的？ 3b：到今天目前为止，这样做已经带来了什么改变？
4	当我那样有规律的时候，我会更开心。	4a：你是如何发现有规律的生活是有益的？ 4b：你是如何发现安排有序的生活是有益的？	我确保我知道第二天早上要做什么。	4a：类似于3a。 4b：类似于3b。
5	而不是我熬夜看电视——看电影或打电子游戏，然后很晚睡，然后第二天就感觉不好。	5a：真好，你知道如何避免糟糕的日子出现了！ 5b：你是怎么发现的？	我想这样的话会更有规律。当我那样有规律的时候，我会更开心。	5a：你是如何知道这一点的？ 5b：你如何确保自己保持了适度的规律但不过度的？ 5c：类似于1a。 5d：有哪些迹象表明到目前为止你的判断是正确的？
6			而不是我熬夜看电视——看电影或打电子游戏，然后很晚睡，然后第二天就感觉不好。	6a：类似于5a。 6b：按时上床睡觉对你第二天的帮助是什么？ 6c：你是什么时候开始注意到自己第二天的感觉还不错的？ 6d：当你第二天感觉还不错时，你注意到了什么？

会谈1，语段3：讨论

分析Joel的临床记录表

Joel：我选择回应第1个机会点，“我想我的焦虑没那么严重”，并选择了1a作为我的干预措施。她在一开始就表明了她想要对她的焦虑采取一些行动。这个干预直接指向这一需求，并暗示了一个例外情况——问题好转的时刻——并解构了问题的恒定性。虽然后面的提问可以作为后续对话的跟进问题，但它们其实主要是针对第一个机会点进行的回应设计。

Lance：看看你的分析，这显然是整个语段中最具有建构解决之道可能性的部分。她自己开始通过一个例外情况来解构焦虑问题。

分析Lance的临床记录表

Lance：对于刚刚说到的那个机会点，我有两个可能的回应（见1a和1b）。我选择了1b，因为它为探索用什么来代替焦虑状况提供了空间，它还可以通过询问包括能动性和进展性在内的更多细节来扩展探索。她说焦虑情况没那么糟。这意味着有时候焦虑并没有发生，或者没有那么严重、强烈或具有破坏性。所以，我很想去了解替代焦虑的是什么，焦虑不发生时会发生什么。

Joel：我们的理由很相似。

Lance：我同意你在说明选择的理由时提到的，这是一个削弱问题恒定性错觉的机会。我认为来访者提到例外情况的那些时刻很重要。起初他们在谈论一个恒定不变的问题，但后来他们又会提到情况其实并不总是恒定 不变的。

Joel：我确实经常在陈述理由时使用"解构"（deconstruction）这个术语。当一个来访者进来，告诉你一个诊断，我的第一个策略性问题就是"我们（来访者和我）如何解构它？"我们如何去病理化？

Lance：这还真是有意思。有人为了做出诊断而耗费了很多精力，而我们只想让它消散。

Joel：我曾经常问一个问题——我有一段时间没有这么做了——"假设那个诊断不存在，你会怎样描述自己呢？"

Lance：这让我想起了一位我认识的完形治疗师。他在处理遗憾时会提问"要是这一切都没有发生，那会如何？"

Joel：或者问"要是你不感到遗憾的话会如何，你会说什么？"

语段4

我……嗯……我觉得他非常……呃……保守和悲观，因为他认为这件事无论如何都会再次发生。（J：是的）所以有时候我会提起来，像（听不清楚）"……是没问题的"。但他非常支持我。所以，他非常清楚发生了什么。但是，我确定他会说："是的，但是下周末当我们去做某件事时，它会发生的。"（J：哦，好吧）始终不变。（J：好的）

表5.4　惊讶的小迹象

#	机会点 Lance	可能的回应 （首选 = *）Lance	机会点 Joel	可能的回应 （首选 = *）Joel
1	所以有时候我会提起来。	1a：真棒，你开启了对话！ 1b：和他讨论这个有什么用处？ 1c：你希望他在对话中怎么回应你？	我觉得他非常……呃……保守和悲观，因为他认为这件事无论如何都会再次发生。	1a：事情可能开始有所改变的第一个迹象会是什么？ 1b：他需要看到什么才会认为自己对此可以乐观一些？ 1c：你会做些什么或者说些什么，让他注意到这种变化？
2	但他非常支持我。	2a：他做了什么让你觉得被支持到了？ 2b：他的支持会对你的行为产生什么影响？	所以有时候我会提起来，像（听不清楚）"……是没问题的"。	2a：你提起这个话题，你希望他会做些什么或者说些什么？ 2b：如果他真的承认情况有所不同了，这会对你产生什么影响？ 2c：你是如何设法让它不再是个问题的？ 2d：在那些时候，是什么让你觉得提这个话题可能是合适的？
3	所以，他非常清楚发生了什么。	参见1a、1b、1c。	他会说："是的，是的我知道。是的，我知道，我知道。你知道。"	3a：类似于1a、1b和1c。 3b：类似于2b。

续表

#	机会点 Lance	可能的回应 （首选 = * ）Lance	机会点 Joel	可能的回应 （首选 = * ）Joel
4	但是，我确定他会说："是的，但是下周末当我们去做某件事时，它会发生的。"	4a：那你是如何能设法继续做事的？ 4b：如果情况并不是他所预料的那样，他会感到多么惊讶？ *4c：如果情况没有发生，他对此感到惊讶的第一个小迹象会是什么？	但他非常支持我。所以，他非常清楚发生了什么。	4a：他做了什么让你觉得那么受支持？ 4b：他的这种支持对你产生了什么影响？ 4c：你何时曾让他感到情况其实并不像他意料的那样，哪怕是一点点？ 4d：他会注意到发生了什么，而感到惊讶？
5			但是，我确定他会说："是的，但是下周末当我们去做某件事时，它会发生的。"	5a：假设下周末情况发生了一个虽小但实质性的变化，他会如何察觉到这一点？ *5b：奇迹问句（MQ）——奇迹就在下次变化出现时。
6			始终不变。	6a：那么，有没有什么时候其实他已经注意到你打破了这个模式呢？ 6b：这种始终不变的情况，是你想要改变的吗？

会谈1，语段4：讨论

分析Lance的临床记录表

Lance： 我选择了第4个机会点和4c这个回应（"如果情况没有发生，他对此感到惊讶的第一个小迹象会是什么？"）。我认为在这个语段的几个机会微弱的点中，这一个似乎是最好的选择了。它包含了她能改变成功的预设，并可能会引导她将注意力放在他的积极反应而不是她的问题上。我觉得要从这个语段中找出有用的东西挺不容易。

Joel：我想你可以保持沉默，让她继续说，但也会有要做回应的压力——交流意味着双方要轮流发言。

Lance：她说了一段话，我认为需要回应一下。我们没有在这段话中看到可能推动会谈进展的显著机会点，所以更多的是确认她所说的话，而不是试图抓住什么或放大什么。

Joel：风险在于，这可能会把谈话导向对问题的讨论。即使是其中最弱的且表面上有一些积极方向的线索，也可能会引发来访者的回应。

分析Joel的临床记录表

Joel：我选择第5个机会点，我们选的是一样的。在两种回应中，我选择奇迹问句。我认为你可以把奇迹设定在下次变化发生时。奇迹发生了，他感到惊讶。我认为关于她的改变愿景的信息是足够的，无论是隐性的还是显性的，所以奇迹问句的提出会把对话导向她的改变愿景并共同构建关于这个愿景的细节。我们两个的分析非常相似，只不过是用不一样的方式问了同样的问题。

Lance：我看到奇迹问句的第一感觉就是问它肯定没错。我喜欢奇迹问句，因为它给出了更大的空间，把对话打开了。我的提问则稍微收窄了对话。

Joel：你的问题很容易引出奇迹问句。

Lance：我觉得有意思的是来访者说的“但他非常支持我”（Lance列出的第2个机会点，Joel列出的第4个机会点）。我们都没有选择那个机会点，而一些可能更关注关系的人可能会把它视为一个很好的机会点，可以看看她谈到的变化与他人有何关联。这是来自重要他人的资源性回应。如何使用第4个机会点，这很明确。我们都给出了较类似的凸显关系问句的问题。有趣的是我们都没有选择那个机会点。我认为这是因为在第4个机会点中，我看到的是她自身做出改变的潜力——她可以做一些事情，或者注意到一些事情，或者从她自己的角度体验事情，而不是依赖别人做些什么来帮助她。

Joel：对于我们都选择的那个机会点，我们的回应里都包含了关系。如果你假设他是具有支持性的，那么他会注意到来访者的变化并提供支持。你的提问和奇迹问句中提到了他的支持，但是把对话转向了她自己的改变——她做什么会让他感到惊讶？

Lance：我确实觉得在这个语段中，第4个机会点是很不错的。我很好奇是什么原则让我们没有选择我列出的第2个和你列出的第4个机会点。你说的对，这个机会点包含了关系性回应。

Joel：看看第4个机会点。我想我听到的是"但"。你不能把它和后面的内容分开。"所以，他非常清楚发生了什么。"我认为这是一个问题陈述。这是一个关于问题恒定性的陈述："他失望了这么多次，如此恒定，他知道发生了什么。"

Lance：本着做练习的精神，我试图找出一些回应来扭转来访者问题重重的表述——比如"你是如何做到对此保持开放并让他知道的？"以及"你和他是怎么做到能对此进行这么顺畅的交流的？"我同意你说的，来访者的这个语段更多是描述问题如何持续的。

Joel：在第一次会谈中，我的目标是弄清楚：她的愿景是什么、她想去到哪儿？我们是如何定义我们的共同构建的？我们如何判断治疗何时可以结束？我们如何使这次会谈简洁高效？如果你从这些角度去思考，那"她可能会做什么让他感到惊讶的事"这个问题，就更接近于询问她希望对方的惊讶会给关系带来怎样的变化。

Lance：我们对这个语段的选择都为她创造了一个机会，让她可以质疑问题恒定性——问题会持续发生。我们的回应旨在共同构建这一部分，假定变化是存在的。我们之所以选择这个机会点，认为它比其他一些机会点更强，可能是因为它有可能引发她对问题恒定性的反对。这可以引导她找出关于变化的细节。

Joel：对，你选择这个机会点的目的是解构他对她的预期——这个事情会发生，而且一直在发生。

Lance：真有趣，我们花了这么多时间来讨论这个我们最初都认为对建构解决之道潜力不大的语段。我对4a很感兴趣，我认为它更直接地试图解构问题恒定性——认为问题无处不在、不可避免。

语段5

嗯，上个周末……这就是我打电话给你的原因。嗯（听不清楚）很长一段时间了。但这一次，我们和另外两对伴侣出去吃饭，我不想去——对我来说那是个糟糕的日子……焦虑的情况，我男朋友说："出去可能对你有好处。你知道，出去对你有好处。"（J：嗯）他试图说服我。我说好的，我会去的。（J：是）我男朋友做了计划，我想要退出（听不清楚），我不在乎他们怎么看我。这在我的价值观里是无礼冒犯的。我们出去了，我点了食物，我找了个借口，一口也没吃，什么都没吃。（J：嗯哼）当我们离开时，我对我男朋友说："我几乎不记得我们聊了什么。"我那晚焦虑很严重。（J：嗯哼）我就想，好吧，我强迫自己出门了，但我非常后悔。我并不想把这两件事联系起来，但很难不这样做。（J：嗯哼）因此，我对自己能走出家门做了自我肯定。

表5.5 我想我的焦虑没那么严重

#	机会点 Lance	可能的回应（首选 = *）Lance	机会点 Joel	可能的回应（首选 = *）Joel
1	我男朋友说："出去可能对你有好处。"	1a：他期望外出会有怎样的结果？ 1b：对于焦虑情况如此糟糕的一天，是什么让他觉得还是可以试着做些改变的？	嗯，上个周末……这就是我打电话给你的原因。嗯（听不清楚）很长一段时间了。但这一次，我们和另外两对伴侣出去吃饭，我不想去——对我来说那是个糟糕的日子……焦虑的情况，我男朋友说："出去可能对你有好处。你知道，出去对你有好处。"（J：嗯）他试图说服我。	1a：是什么让你觉得你可能已经准备好那么做了？ 1b：类似于1a，但要加上"尤其是考虑到你那天过得并不好"。 1c：是什么让Ryan觉得那样做会对你有好处？ 1d：Ryan希望你那样做，他认为那样做会对你有何好处？ 1e：你最终同意了，是什么说服了你？

续表

#	机会点 Lance	可能的回应 （首选 = * ）Lance	机会点 Joel	可能的回应 （首选 = * ）Joel
2	他试图说服我。	2a：是什么让他有这样的动力去花时间说服你？	我说好的，我会去的。	2a：即便那天你感觉糟糕，但你还是说了好的，你会去做的。 2b：尽管是糟糕的一天，你内心某个部分还是认为自己会去做？
3	我说好的，我会去的。	3a：你是如何让自己接受他的劝说的？ 3b：他认为这样做对你有好处，你觉得他这个想法有哪些部分对你有益并让你看到了希望？	我男朋友做了计划，我想要退出。	3a：当然。 3b：但你没有，为什么？ 3c：类似于2a或2b。
4	我想要退出。	4a：你是如何坚持住并最终决定出门的？ 4b：根据你的经验，是什么让你知道有时候最好不要顺从这样的感觉？	我不在乎他们怎么看我。这在我的价值观里是无礼冒犯的。	4a：你是如何做到不在乎他们对你的看法的？ 4b：你是如何让自己能保持意识而不去在意那些的？ 4c：这说明了你重视的是什么？
5	因此，我对自己能走出家门做了自我肯定。	*5a：你指的是什么，具体是为自己的什么而自我肯定呢？ 5b：这种自我肯定会给你带来什么不同？	我们出去了，我点了食物，我找了个借口，一口也没吃，什么都没吃。	5a：类似于2a或2b。 5b：考虑到你当时的状态并不好，你是如何在那样的状态下还能沉着应对、想出借口来的？

续表

#	机会点 Lance	可能的回应 （首选 = * ）Lance	机会点 Joel	可能的回应 （首选 = * ）Joel
6			当我们离开时，我对我男朋友说："我几乎不记得我们聊了什么。"	6a：就你那时候的情况而言，这是可以理解的。 6b：是什么帮助你撑过来的？ 6c：是什么帮助你从中恢复过来的？ 6d：你从那次经历中学到了什么？ 6e：有什么迹象会让你知道你已准备好再次尝试，并且结果会有所不同？
7			我那晚焦虑很严重。	类似于6a ~ 6e。
8			我强迫自己出门了，但我非常后悔。	8a：类似于2a、2b、6a、6d。 8b：你只是感到后悔，并没有感到更糟，这是怎么回事？ 8c：尽管是Ryan说服了你，但你意识到能让你这样做的人是你自己。
9			我并不想把这两件事联系起来，但很难不这样做。	9a：为什么不？ 9b：那看待这件事的更有用的方式是什么呢？
10			因此，我对自己能走出家门做了自我肯定。	10a：哦，你做了自我肯定。 10b：你能从所发生的一切中找到积极的部分——对自己做了自我肯定。 10c：在那种情形下，你是如何能做到自我肯定的？ *10d：你说的"自我肯定"是什么意思？

会谈1，语段5：讨论

分析Joel的临床记录表

Joel：这是她关于和另外两对伴侣一起度过一段糟糕的晚餐时间的叙述。这个语段基本上都是在谈论问题——除了当她说因自己走出了家门而给自己点赞的时候。

Lance：唯一的非问题取向的内容就是你说的这个。

Joel：我选择用10d回应第十个机会点。虽然在这之前都是她对自己负面经历的描述；但这句简简单单的话却表明她从那次经历中获得了积极结果，通过询问她自我肯定的细节，可以共同构建其中的意义。这与我最喜欢的一个问题类似，即“你从那次经历中学到了什么？”

Lance：这可以成为焦点解决治疗的典型案例。这位女士说了一大段问题取向的内容，其中有很多可以放大问题细节的机会点。她只是稍微提到了一点点资源性的线索，就马上被我们捕捉到了。

Joel：这是一个很好的形塑的例子，它做了三件事：保留来访者的语言；删除来访者语言中的一部分；转换来访者的语言。治疗师在回应中删除的是来访者对问题的所有叙述；完全保留了她的用词“自我肯定”；而转换是邀请她共同构建这句话的意义。

Lance：你能盲猜一下来访者会如何回答10d吗?

Joel：“我没想去，而是强迫自己去做。”“这次经历很糟糕，但我坚持下来了。”“我没有失去男朋友。”

Lance：每一种回答都是可能的，是积极正向的结果。在那些困难的情况下，她会因此而给予自己肯定是合理的。

分析Lance的临床记录表

Lance：我非常确定这与你做的非常相似。我选择的机会点跟你选的是一样的，只是我们的序号标注不同。在可能的回应中，我选择了“你具体是为自己的什么而自我肯定呢？”这和你选择的回应也很相似。

我想也可以选择5b。我认为我们会在该语段中选择这个机会点是因为它是一个很有力的例外，很有吸引力。可以先提问5a铺垫一下，然后再问5b就会更有力了。

Joel：我同意。我认为5b更像是一个跟进问题。先问她“你这话是什么意思？”然后问“这会给你带来什么不同？”

Lance：你的问题“你这话是什么意思？”和我的问题“你指的是什么，具体是为自己的什么而自我肯定呢？”非常相似。

Joel：我们两个都在邀请她共同构建“自我肯定”的含义。

Lance：我们用自己的选择来告诉她“在你说的所有事情中，唯一值得被放大了仔细看的是你自我肯定这个点”。别的机会点涉及其他人——另两对伴侣、她的男朋友。这是在来访者这个语段的所有机会点里，唯一一个她自己能掌控的事情，她自己可以选择要不要这样做。这更有力量，也更能赋能，让她自己做出选择。

Joel：我认为在来访者的这个语段中，这是唯一有可能得到积极反馈的机会点。

Lance：要是你想知道人们怎么能做事情以及经验是如何建构改变的，那你就想想当下次她被邀请做某事时，如果她提前给自己一些肯定，那会发生什么。这可能是建构解决之道的一个重要部分。

Joel：我想你可以继续跟进，“所以，现在你给了自己这样的肯定，这可能对下一次再遇到这种情况有什么影响？”

Lance：在过去一年里，我对被一位朋友和我称为“启动问句”的东西产生了兴趣。这里或许可以使用一个很棒的启动问句，“如果你仔细想想我们刚刚讨论的内容，有什么是值得你记住去再做一次的吗？”

Joel：这类似于“你从这次经历中学到了什么？”

第6章

机会点的微观分析：机会点分析示例2

分析示例：会谈2

语段1

好的……嗯，（J：关于你所最期待的）是的，我想我不是……我正尝试在事情进展顺利时多留心观察……（J：进展顺利）是的（J：哦，好的），所以我正尝试去做……你知道的，那是一个更好一些的夜晚……哦，今天没那么糟糕……是什么让它没那么糟糕？（J：嗯）然后继续坚持这样做……我确实注意到了如果我让自己忙起来……（J：嗯）情况就没那么糟……（J：嗯）嗯……你注意到如果……有点滑稽，但是……因为我知道我又有了一份待办事项清单，而且我没有处理清单上的任何事……我过得很糟糕……但如果我在处理待办清单上的某些事，我就过得比较好……我注意到了这类情况。

表6.1 我正尝试多留心观察

#	机会点 Lance	可能的回应 （首选 = * ）Lance	机会点 Joel	可能的回应 （首选 = * ）Joel
1	我正尝试在事情进展顺利时多留心观察……	1a：太好了！这可能是改变发生的关键！ 1b：最近有什么事情稍微好一点了？ 1c：你是怎么做到的？ 1d：量尺问句……如果10是非常留心观察？	我想我不是……我正尝试在事情进展顺利时多留心观察……	1a：你是怎么做到的？ 1b：你从中学到了什么？ 1c：这对你产生了什么影响？ 1d：你一直在寻找哪些小的改变？
2	是什么让它没那么糟糕？	2a：这是你问自己的另一个好问题——有助于我们找出成功的关键！ 2b：关于是什么让它没有那么糟，你最近有哪些发现？	所以我正尝试去做……你知道的，那是一个更好一些的夜晚 ……	2a：你了解到，怎么能“更好一些”呢？ 2b：类似于1a、1b、1c。 2c：是什么让你觉得那是一个更好一些的夜晚？

续表

#	机会点 Lance	可能的回应 （首选 = * ）Lance	机会点 Joel	可能的回应 （首选 = * ）Joel
2	是什么让它没那么糟糕?	2c：量尺问句……如果10分代表一点都不糟，那它可以有几分?	哦，今天没那么糟糕……是什么让它没那么糟糕?	*2d：在那些更好一些的夜晚，你在行为、思考和感受上有什么不同?
3	然后继续坚持这样做……	3a：太好了——把一个好主意付诸实践! *3b：举个例子，你继续坚持做了什么？还有呢? 3c：在你最近继续坚持做了的那些事情中，有什么是你想再次做的?	然后继续坚持这样做……	3a：继续坚持做? 3b：你是如何继续坚持做的? 3c：当你继续坚持这样做时会发生什么?
4	我确实注意到了如果我让自己忙起来……情况就没那么糟……	4a：如果你让自己忙碌起来，有什么会好一些? 4b：使用待办事项清单是保持忙碌的一种方法吗? 4c：你还能想到其他保持忙碌的方法吗? 4d：这个发现让你知道了（焦虑）是如何运作的吗?	我确实注意到了如果我让自己忙起来……（J：嗯）情况就没那么糟……	4a：真的吗? 4b：你是怎么开始注意到这一点的? 4c：注意到保持忙碌时情况会有不同，这会对你有什么帮助?
5	但如果我在处理待办清单上的某些事，我就过得比较好……	5a：你最近处理了待办清单上的什么事情? 5b：那一天有什么是好一些了的? 5c：量尺问句……如果10分代表那一天很好?	你注意到如果……有点滑稽，但是……因为我知道我又有了一份待办事项清单，而且我没有处理清单上的任何事……我过得很糟糕……但如果我在处理待办清单上的某些事，我就过得比较好……	类似于4a～4c。

续表

#	机会点 Lance	可能的回应（首选 = * ）Lance	机会点 Joel	可能的回应（首选 = * ）Joel
6	我注意到了这类情况。	6a：做得好，你关注到了做什么是有用的！	我注意到了这类情况。	6a：这会给你带来什么不同？ 6b：假设你继续这样留心注意，你认为这会如何改变你的思考、感受和行为方式？ 6c：还有什么其他的吗？

会谈2，语段1：讨论

分析Lance的临床记录表

Lance： 我选择第3个机会点和该机会点下的第2种回应（3b），“举个例子，你继续坚持做了什么？还有呢？”总体上，我认为来访者的这个语段有很多值得工作的机会点。我选择3b是因为它有双重价值——将思考转化为行动，并且强化了来访者的能动性——来访者能够采取产生改变的行动。“继续坚持”可能是指某件事。我不清楚它在现实生活中具体指的是什么，但她知道。所以，她可以告诉我们她什么时候继续坚持做下去，以及她具体做了什么。

Joel： 我发现第二次会谈的语段分析更难一些。对我来说，第二次会谈似乎涉及了更多对解决方案的讨论。

Lance： 这是对我们的一个很好的考验。相比之下，第一次会谈中更多的是问题式对话——这是意料之中的——并且被我们选来做练习的也多是来访者对问题进行陈述的语段。分析思考这两种不同情境下的机会点的差异是很有价值的。

分析Joel的临床记录表

Joel： 我也列出了6个机会点，选择了第2个。在可能的回应中，我选择了

"在那些更好一些的夜晚里，你在行为、思考和感受上有什么不同？"之所以选这个是因为我认为干预可以从"更好一些的夜晚"这个例外开始，并扩展到行为、思考和感受的细节。这样回应不仅保留了来访者的语言（"更好一些的夜晚"），而且删去了"没那么糟"这样的短语，并通过问询差异和具体的行为、思考和感受来进行添加或转换。这是典型的形塑。

Lance：我同意，这是一个很好的形塑的例子。你也说了在第二次会谈中有更多对解决方案的讨论，这就不难理解为何我们选择了不同的机会点，因为可选择的机会点变多了。而在那些以问题为主的语段中，可工作的机会点就更少、机会点之间也间隔更远，所以更容易被我们锁定到。

Joel：可能在问题式谈话中，例外会显得更突出。而当积极的描述更多时，我们不太可能做出相同的选择。

Lance：我在思考我们选择背后的理由，当有更多的选择时，我们选择背后的理由是什么就变得更加重要了。

Joel：我认为我们的理由是相似的。

Lance：你选择2d的理由与我可能的回应差不多。类似地，我选择了3b，理由是"它在将思考转化为行动方面有双重价值"。你问"你在行为、思考和感受上有什么不同？"我认为用这句话去回应任何一个机会点都很有成效，只选一个机会点是很难的。

Joel：是的，并不那么容易做出选择。

Lance：我想说，有时选择哪个机会点并不重要，因为当你朝着同一个目的地前进时，会有很多不同的路径都可以抵达那里。

Joel：对于第一次会谈也是如此，那次更聚焦于问题讨论。我们可以选择任何一个机会点，因为无论选择哪个，都很可能带来促成解决方案的回应，不是吗？我认为有些机会点会比其他的更容易接近目标。总的来说，如果你的意图是问出一个更可能引发积极反馈的问句，那你走的路应该就是对的。

Lance：我喜欢"接近目标"这个说法。这是我对机会点进行考虑的关键。

这些机会点中哪一个更可能让来访者和我接近他想要的改变？你也许可以在问题取向的陈述中找到一些机会点，但可能工作起来会难一些。

Joel：这就是概率问题，不是吗？这是SFBT实践中的一种直觉。机会点练习的目的就是训练我们有一双能听出这样的机会点的耳朵。

Lance：我们要从两个视角来检视这个过程，一个是焦点解决的视角，另一个是概率筛选的视角。

Joel：我认为这就是经验丰富的实务工作者和新接触这个模型的实务工作者之间的区别。前者更能听出这些机会点。这几乎已经成了他们的直觉。

Lance：我记得我在一次问题取向的谈话中对别人说过，“我实际上并不怎么听到问题”。我们对来访者所说的话是分层次觉察的，一层是找到语段中存在的机会点，下一层是找出这些机会点中最有可能实现的一个。这引导我们做出选择。

语段2

我总是会在清单上的所有事情都被完成后感觉更好些，（J：好的，好的）即使有些事不是需要马上就完成的……是两三周后的事情……（J：对）我仍然觉得把那张清单清空了会感觉好些，即便我知道（J：当然，当然，当然）它并不紧急，（J：当然）但是……无论是精神上还是身体上……感觉更好些……把所有事情做完就会感觉更好些……（J：哦，那当然）就像我在学校的时候，（J：嗯哼）有一个……一个……一个报告一个月后要交，那最好还是早点把它做完、解决掉，（J：对）如果我有一张列了十项任务的清单，其中写报告是长期任务，另外九项是我那个星期应该完成的任务，（J：对，对）假设我……像那样完成了另外九项任务，但那份报告还在桌上，我仍然不会感觉有成就感，（J：对，对，对）因为我没把所有事情做完。（J：对，对）

表6.2 把所有事情做完就会感觉更好些

#	机会点 Lance	可能的回应（首选 = *）Lance	机会点 Joel	可能的回应（首选 = *）Joel
1	我总是会在……感觉更好些。	1a：感觉更好些的第一个迹象是什么？ 1b：一旦你发现自己感觉好些了，你会做点什么不同的事？	我总是会在清单上的所有事情都被完成后感觉更好些，即使有些事不是需要马上就完成的……是两三周后的事情……	1a：我想对你来说知道这一点很重要吧？ 1b：了解到这一点，对你来说有多重要？ 1c：我想你并不想改变这一点。 1d：（什么都不说。）
2	无论是否全部都是工作，还有……	2a：不全是工作但仍能感觉更好些的是什么？	我仍然觉得把那张清单清空了会感觉更好些，即便我知道它并不紧急，但是……无论是精神上还是身体上……感觉更好些……把所有事情做完就会感觉更好些……	*2a：那当然。 2b：有道理。
3	把所有事情做完就会感觉更好些……	*3a：哦，那当然！	就像我在学校的时候，有一个……一个……一个报告一个月后要交，那最好还是早点把它做完、解决掉。	3a：类似于2a和2b。 3b：你是怎么那么早就发现这样做对你很重要的？
4			如果我有一张列了十项任务的清单，其中写报告是长期任务，另外九项是我那个星期应该完成的任务，假设我……像那样完成了另外九项任务，但那份报告还在桌上，我仍然不会感觉有成就感。	4a：对你来说，完成工作很重要。 4b：类似于2a和2b。 4c：类似于3b。

会谈2，语段2：讨论

分析Lance的临床记录表

Lance：在我列出的3个机会点中，我选了第3个，且给出了一种回应方式，“哦，那当然！”我认为来访者的这个语段是问题导向的，所以最好给出一个最低限度的回应。

Joel：这是Steve de Shazer式的回应（私下交流）。

Lance：没错，这就是我看到它时所想到的。对我来说这似乎是很明确的，我认为这是对这个语段整体上最好的回应。它是一种正常化的回应，我认为它可能会解构她“只有当所有事情都做完才能感觉更好些”的观念。我觉得这个语段是充满着焦虑的叙事，解释了她为什么会如此强迫。对此我不想过多讨论。我能想到的唯一方式就是一种解构性的回应。

分析Joel的临床记录表

Joel：看看我选择的回应（“那当然”）。你可以看出我们都受到了Steve（de Shazer）的影响。2a和2b都关于什么对她是有用的。正如你所说，我也认为“越简单越好”。我认为这两种回应都是合理的，并且通过暗示解构了她认为“要完成所有事情”是她OCD诊断的一部分的假设。这只是她的个性，她喜欢把事情做完。

Lance：我觉得这个语段很有意思，里面存在着焦虑问题所特有的动力。我发现当人们谈论他们焦虑的生活方式以及他们为了降低焦虑所做的事情时，其实很难分辨这是在重述问题——对问题的辩解和合理化，还是在叙述他们对改变和解决方案的希望。我认为这类来访者对焦虑的这类叙事很容易让人迷失方向。好在我们都没有迷失，没有陷入焦虑重重的叙事之中，我们都选择了只是回应“那当然”。

Joel：是的，在这个案例中确实是“越简单越好”。

Lance：当我听到来访者谈论他们一天中所有由焦虑驱动而做的事情时，会感觉情况很复杂。他们的一天似乎很错综复杂，他们对自己如何度过一天的推理也很错综复杂。谈话很容易陷入繁杂的细节之中。我觉得最重要的是要退后一步，不要陷入错综复杂的谈话、思考和感受里——“我做这个是因为如果我不做那个，那么就不会导致这个……”。我觉得这是焦虑的来访者非常典型的一种表述。

Joel：把Maslow（1966）说过的话“如果你手上只有一把锤子，那么你看什么都像钉子”做一些改动——如果你有一个诊断，那么你觉得发生的所有事情似乎都符合那个诊断。即使那是所有人在遭遇不幸时都可能产生的正常反应，在你看来也变成了那个诊断的一部分。一切都是自我证明。

Lance：我经常会想“问题什么时候没有发生？”这是引领我们走出自证预言、复杂叙事的一扇门，避免了我们陷入问题式谈话的陷阱。

Joel：心理治疗发展史上对例外的认识导致了焦点解决取向模型的发展，这并非偶然。

Lance：作为一个焦点解决取向的实务工作者，我认为要对来访者目前理解他们自身情况和困扰的方式保持我们自己的立场。否则，如若我们自己也陷入焦虑重重的叙事中，就没办法帮助他们了，因为那样太容易迷失方向了。为了有效地帮助他们，我必须保持在一个更有资源的位置上。

Joel：对，当你陷入来访者的叙事中，你所做的一切都是在共同构建问题。你最终会创造更多要解决的问题——这没有意义。

Lance：我估计其他取向的实务工作者可能很乐意在问题叙事中进行工作，并可能将其带入一些新的方向。作为一个焦点解决取向的实务工作者，我就是想走出那种叙事。我想让我们更多地谈论例外情况，即使例外情况完全是假设的，是将来的事。我认为这样更有可能帮到来访者，而不仅仅是在重述问题。

Joel： 我对更倾向于使用问题取向模型的治疗对话感到好奇。我想问他们是如何从问题走向非问题的？是如何找到解决方案的？

Lance： 我可以猜一猜。我认为他们可能找出“我仍然觉得把那张清单清空了会感觉好些”这个点，然后指出这是一种追求将事情完美完成的认知结构（cognitive structure）。他们的目标是让来访者认可其他的认知结构，比如：部分完成不仅是正常的，也是生活中可以接受的。这样就可以从问题转变为非问题了。这只是我的猜测。

Joel： 很有趣。我们的选择并不适合CBT范式。我们寻找例外情况，但在问题取向的模型中，问题的例外被视为静态的，因而被忽略，它们不属于问题模型。这就回到了Maslow说的话： 如果我关注的是问题，我就假定它们存在，然后忙于寻找它们。

Lance： 这让我想起了我曾经将自己视为完形治疗师的一段经历。作为一个完形治疗师，你会让他们再说一遍那句话“我只有把所有事情做完时才感觉更好些”，然后告诉他们“再说一遍；再大声点；告诉在场的每个人”“告诉他们你必须要做的每一件事情……”。就是这样，你会让他们夸大并放大对问题的陈述，直至它变得荒谬。这就为改变打开了可能。

Joel： 没错。但我认为我们比他们更快地做到了这一点。

语段3

嗯……是的……这既有帮助又有害，因为我有时会想……哦，我为什么非得这样……而其他时候我又想……我……嗯……我……我明白……你知道OCD的事情……我看出这有不合逻辑的地方……所以我明白……我知道这样想是愚蠢的……在距一个月期限还有很多时间的时候要赶紧把事情做完……其实一个月里确实有很多时间……你知道……我尝试有逻辑地思考，但之后我大脑的某一部分会说……哦，做完它，做完它！

表6.3 你知道OCD的事情

#	机会点 Lance	可能的回应 （首选＝*）Lance	机会点 Joel	可能的回应 （首选＝*）Joel
1	哦，我为什么非得这样……	1a：不时地质疑一下我们自己的某些习惯是好的！ 1b：不时地质疑一下自己这样的习惯，这会对你有何帮助？	这既有帮助又有害。	1a：它有帮助的部分是什么？ 1b：你是如何同时看到它有两面的？ 1c：同时看到它有两面，这有什么帮助？
2	我看出这有不合逻辑的地方……	2a：哇哦，你能够从不同角度来看这件事！ 2b：你意识到这件事可以从不同角度来理解，这对你来说会有什么用？	因为我有时会想……哦，我为什么非得这样……	2a：你这样做一定有自己的理由。 2b：那个想法的另一面是什么？
3	在距一个月期限还有很多时间的时候要赶紧把事情做完……其实一个月里确实有很多时间。	*3a：当你意识到这个月有很多时间时，你希望自己的应对会有什么不同？	而其他时候我又想……我……嗯……我……我明白……你知道OCD的事情……我看出这有不合逻辑的地方……	3a：什么是不合逻辑的？ 3b：看到了不合逻辑的部分，这会有什么帮助？ 3c：你的什么（部分/能力）让你看出这不合逻辑？ 3d：你是怎么看出不合逻辑的？
4			我知道这样想是愚蠢的……在距一个月期限还有很多时间的时候要赶紧把事情做完……	4a：这是你所说的OCD吗，还是其他什么？ *4b：即便还有很多时间，你也想赶紧把事完成。你这样做一定有自己的理由。
5			其实一个月里确实有很多时间……你知道……我尝试有逻辑地思考，但之后我大脑的某一部分会说……哦，做完它，做完它！	5a：你希望可以选择跟随逻辑行事么？ 5b：在完成事情的过程中，有哪些部分是你想保持、不改变的？

会谈2，语段3：讨论

分析Joel的临床记录表

Joel： 在我列出的机会点中，我选择了第4个（“我知道这样想是愚蠢的……在距一个月期限还有很多时间的时候要赶紧把事情做完……”）。在可能的回应中，我倾向4b（“即便还有很多时间，你也想赶紧把事完成。你这样做一定有自己的理由。”）。我认为这可能会让她将想完成工作的愿望去病理化，不将它定义为OCD。

Lance： 所以，你试图让她思考或表达在OCD之外——在那种语言体系之外——她想要那样做的原因，你是这个意思吗？

Joel： 我认为这和说“那当然”有相同的作用。“你这样做一定有自己的理由”这意味着，“你是一个聪明人，你不做愚蠢的事，你没疯。因此，你会这么做一定是有原因的”。

Lance： 我记得Insoo Kim Berg曾经说过，来访者做出的任何离谱的行为背后都一定有其理由。

Joel： 我就是从那里学来的。

Lance： 这句话真好。它具有某种程度的支持性，允许你去区分目的和行为。

Joel： Insoo（私下交流）说过，焦点解决做的是“给人们一个大脑”。我认为更好的说法是“焦点解决承认人们自己有大脑”。

分析Lance的临床记录表

Lance： 在这3个机会点中，我和你选择了同一个。我只想出了一个回应（3a）。我选择它是因为在该语段所有可能的机会点中，3a最有可能将抱怨或自我批评转变为希望。我对这种干预措施有信心，它比回应“那当然”更好一些。它提供了一种可能性：当她开始克服她的OCD时，她能够拒绝在还有时间的情况下去做某事的冲动。这种干预打开了这个可能。从问题谈话中选出一部分，帮助来访者将它转换为希望，我认为这样做不太会出错。

Joel：我认为这与我的4a（“这是你所说的OCD吗，还是其他什么？”）是类似的。

Lance：我猜当你问出4a之后会得到一段时间的沉默。她可能在思考你的意思，什么属于OCD、什么不属于OCD。这也提供了打开非问题空间的可能。

Joel：这与我们上次讨论过的提问类似——“假设这个诊断不存在，你会怎么描述自己呢？”

Lance：我认为我们可能有不同的预设。你倾向于更直接地去病理化，而我更多是病理化。我的意思并不是我试图给她贴病理标签，但我确实认为在还有很多时间的情况下她仍然要去完成每件事这是有问题的。我认为这并不是健康的状态，应该有更好的方式来解决。但我猜你的预设是把她想要完成每一件事情的冲动视为正常的——是合理且健康的。

Joel：我觉得她是有道理的，“完成工作。别让它悬在那里”。

Lance：这些想法或做法都是有道理的。我们这一代大多数人都是被这样教导的——在休闲享受之前，先把正事做完。

Joel：我觉得去病理化很重要。很多来访者来见治疗师时都认为自己心理有问题，或者他们来看治疗师是要得到一个诊断。然后他们就变成了他们的诊断。我的很多工作是在帮助他们以不同的方式看待自己。几年前，我有一个来访者把自己诊断为惊恐障碍。他毕业于一所著名的大学，是一个非常聪明的人，尽管多年没有惊恐发作，但他依然过着受限的生活。我和我的团队一起见了他。在与团队讨论协商后，我对他说：“我们都很好奇，你在这么长的时间里都没有惊恐发作了，但你仍然定义自己是惊恐障碍。”当他再次来见我的时候，他说他思考了这个问题，并意识到他让自己的诊断成为生活的中心。他继续解释说，他意识到诊断只是他自己的一个方面——不应该成为定义自己的核心。

Lance：我也认为解构和去病理化很重要。我实践它们的方式与你稍有不同。我想要越过问题去发展解决方案。我期望能有一种更强力的方法同时做到这两点：在某种意义上打破问题，同时解构它。你倾向于更直接地解构问题，而我则更倾向于间接。我认为有时候直接的方式会更有利。

Joel：相反的情况也有可能发生。有时候，间接一点可能更有用。

Lance：我想在我列出的可能的干预措施中，我没使用过OCD这个术语。我觉得这可以看出我在避开任何与问题有关的事情。从你在4a中对这个术语的使用里，我看到了这几点：你并不害怕使用它——你能自如地使用这种语言；你没有回避它——并且你能用它来区分什么是OCD、什么不是。这是对问题语言的一种有建设性的、解决导向的使用。这是你的一项重要的能力。

Joel：如果她没有使用OCD，我就不会使用它。除非来访者使用了诊断，否则我不会使用诊断。我想我是从叙事取向中借鉴了这个概念，把问题外化出来。

Lance：要使用来访者的语言与他们建立连接——优先用他们理解世界的方式而不是我们的。我们被这样教导，也是这样教导我们的学员的。

Joel：这让我想起了（Milton）Erickson说过的一些话。如果你接受来访者所说的就是他们的现实，那么你就可以干预它了（Rosen，1982）。

Lance：我发现，当有人说"我是双相情感障碍患者"时，要问他们双相情感障碍在他们的生活中带来了什么麻烦，这样问是有用的。这样你们所面对的就不再是一个无所不包、不可改变的名称，而是日常生活中的问题了。一旦它们以日常生活问题的形式呈现，就更容易解决了。比起解决双相情感障碍，解决情绪的起伏要容易得多。这也是一种建立共同理解的方法。

语段4

所以……我意识到如果我顺应我的清洁习惯，不忽视它们……之前的治疗师告诉我应该忽视它们……或者……你知道的……满贯疗法或者与……脱敏之类的事情……不管我……我只是……与其做那些……只是顺应自己的习惯，实际上我那样做了就会更愉快一些……更愉快……你知道……我们有一只狗和两只猫……所以我们家有时候毛比较多（笑）（J：对，对）……所以那真是让我抓狂……而且……呃，而不是……说……你知道……之前的治疗师告诉我……别管它……可是，我不想不管……不想放任它在那，（声音提高）如果我就放任它在那，它会很令我困扰，我那一天就都毁了（J：嗯哼）……所以我把它清理干净，然后继续愉快地过我的日子（J：嗯哼）……而且……我因此感觉更好。

表6.4　那样做，我就会更开心一些

#	机会点 Lance	可能的回应 （首选 = * ）Lance	机会点 Joel	可能的回应 （首选 = * ）Joel
1	可是，我不想不管……不想放任它在那……所以我把它清理干净，然后继续愉快地过我的日子……而且……我因此感觉更好。	1a：你日常生活中还有哪些小事是最好一想到就立刻去做的？ *1b：在一个量尺上，10代表最好跟随自己的清洁习惯，1代表最好忽视它——对于这项任务你怎么评分？	我意识到如果我顺应我的清洁习惯，不忽视它们……之前的治疗师告诉我应该忽视它们……或者……你知道的……满贯疗法或者与……脱敏之类的事情……不管我……我只是……与其做那些……只是顺应自己的习惯，实际上我那样做了就会更愉快一些……	1a：你是怎么发现那些清洁习惯实际上让你愉快的？ 1b：你是怎么意识到你比那些治疗师更了解你自己的？ 1c：你能发现这一点真是太聪明了。
2			更愉快……你知道……我们有一只狗和两只猫……所以我们家有时候毛比较多（笑）……所以那真是让我抓狂……	2a：那是自然。 2b：即便如此，你还是允许自己养了一只狗和两只猫。
3			而不是……说……你知道……之前的治疗师告诉我……别管它……可是，我不想不管……不想放任它在那，（声音提高）如果我就放任它在那，它会很令我困扰，我那一天就都毁了……所以我把它清理干净，然后继续愉快地过我的日子……而且……我因此感觉更好。	3a：类似于1b和1c。 3b：类似于2a。 *3c：（总结一下……）通过所有这些，你还对自己有了什么了解？ 3d：你是怎么有力量听从自己的想法而不是那些治疗师的建议的？

会谈2，语段4：讨论

分析Lance的临床记录表

Lance：我只列了一个机会点，并选择了1b这个回应。我认为1b会涵盖1a。沿着这个线索的询问可能有多种好处，包括澄清哪些冲动比其他冲动更值得顺应，还可以展开讨论哪些冲动能被更好地忽视。在该语段中，我更多地看到她在回顾那些心理斗争、麻烦和治疗师的建议，似乎迷失在了更多的死胡同里。她说："去他的治疗师，去他的OCD。我就是不喜欢毛发，我要清理干净。"对我来说，这看起来很正常。这与"你一定有一个重要的理由"是相应的。我想这个理由是，有些事情我们应该在想到的时候就去做。这不一定是OCD。可能有些事情是荒谬的，比如为了确保门已经锁上而回去检查6次。毛发和门是有区别的。那么，我们为什么不创造一些灰色地带呢？我发现量尺在这方面很有帮助。我对这个案例有一个假设，那就是她想停止做一些这样的事情。我不知道这个假设是从哪里来的。我想知道我是不是偏病理化了，以至于我认为"她一定想要那样"。显然，我是在这个假设下工作的。

Joel：倒回去看看是什么促使她想打电话给我，这可能会有帮助。甚至在此之前，是什么促使她对男朋友说一些事，然后男朋友说"你应该去找治疗师看看"？是发生在餐馆的那件事吗？

Lance：让我们看看你的记录表吧。我认为这可能会让我们了解你是如何理解它的。

分析Joel的临床记录表

Joel：在我列出的3个选择中，我选择了第3个。

Lance：我们选择了相同的内容。

Joel：对，我选择了3c这个回应［"（总结一下……）通过所有这些，你还对自己有了什么了解？"］。我认为整个过程基本上是解决方案取向的。她似乎已经解构了自己的OCD诊断。她还显示出力量和智慧，拒绝了其他"专家"治疗师所称的病理现象，意识到清洁习惯就是能让自己感到愉快。这种干预，通过总结和强调主要的积极面，进一步揭示了改变是一个学习的过程，它假设来访者的生活中还会有其他好的地方可以学习。这遵循了EARS流程（“引出、扩大、增强、重新开始”）。我记得在这个案例中，我曾问过她想保留OCD的哪些部分。我还记得，她谈到自己在触摸脏衣服时想戴手套，而治疗师想让她对此进行脱敏。她说：“这并不困扰我。”我说：“是的，但这困扰了治疗师。”

Lance：这帮我解决了我的困境。我多次查看这个过程，我记得有两个情境下提到了手套。一个是洗衣服。我本人不会为了洗衣服而戴手套，但我觉得戴手套也不过分。另一次提到手套是她说自己有一种无论去哪里都想戴着手套的冲动。她有时会拒绝这种冲动，因为对她来说，这太不正常了。在我看来，这就是一种区分，区分什么时候可以跟随（来访者自己说的）自己的冲动，什么时候不可以。我觉得她是希望无论去哪里都能戴着手套的，但她知道这会带来很多麻烦，所以不值得这样做。

Joel：是的，这不太现实。

Lance：它回答了你提出的问题，即“你想保留OCD的哪些部分？”这个案例有意思的地方就是这些细微的区分。我觉得你是想将看起来还算合理的行为一般化，然后让她——毕竟她才是来访者——自己去弄清楚她想要改变什么，而不是由你作为专家来决定什么是病，什么不是。

Joel：这指出了诊断——任何诊断的风险，即诊断成了你的一部分。“我别无选择，因为我是OCD；我别无选择，因为我抑郁……”当我们区分她想保留什么和想放弃什么时，她最终会感觉自己有更多的选择和更大的可能性，“你没有被自己的诊断所控制”。

Lance：我想起了我曾与之工作过的一个青少年家庭。他们等了好几个月才预约到一位精神病学家。他们最终见到了这位精神病学家，他诊断这个男孩患有抑郁症。父母因为得到了诊断而松了一口气。我问他们知道这个诊断有什么用。孩子的母亲说：“我们一直担心他出了什么问题。”

Joel：对，“只是抑郁而已”。埃里克森有一个故事，有一个快要死了的病人，人们不知道这个人哪里病了，所以他们请来了一位专家。专家对病人做了检查，然后说了一个拉丁语术语，这个拉丁语的意思大概是“这个家伙快要死了”。当然，病人并不懂拉丁语，不知道专家在说什么，但他认为，“现在我有诊断了，所以我将要好起来了”。他后来确实好起来了。所以，也许诊断确实有一些价值。

语段5

我……我有点……嗯……我的意思是我不去想它……它只是……我会……好比让我们……我们回到洗衣机旁边的手套的事情上……我没想尝试让自己脱敏……我只是去做我感到舒服的事情，我就去做了（J：嗯哼），这没有困扰我（J：嗯哼）……我不去想……哦，我得洗衣服（悄声说）……我应该戴手套吗（疑问）……我不应该戴手套吗（疑问）……尽量不陷入那种思维模式。

表6.5 尽量不陷入那种思维模式

#	机会点 Lance	可能的回应 （首选 = * ）Lance	机会点 Joel	可能的回应 （首选 = * ）Joel
1	我的意思是我不去想它……	1a：当你不去想它时，这会是一个对你有用的信号吗? 1b：当你不去想它时，它给你带来什么（启发/感受）?	我……我有点……嗯……我的意思是我不去想它……	1a：你是如何做到不去想它的? 1b：你不去想它，那在想别的什么? *1c：这如何改变了你对自己称为OCD思维模式的看法?
2	我只是去做我感到舒服的事情，我就去做了，这没有困扰我……	2a：一天中还有哪些小事，是最好在想到时就马上去做的? 2b：在一个量尺上，10代表最好跟随清洁习惯走，1代表最好忽略这种冲动——对于这项任务你会如何评分?	我们回到洗衣机旁边的手套的事情上……我没想尝试让自己脱敏……我只是去做我感到舒服的事情，我就去做了……	2a：你是如何获得这样的智慧，不听从那些专家的话的? 2b：你第一次注意到自己开始以不同的方式思考这个问题，是什么时候? 2c：在意识到这一点之后，它对你产生了什么样的影响或改变了什么? 2d：假设你继续这样想，你认为这会对情况产生什么影响? 2e：类似于1c。

续表

#	机会点 Lance	可能的回应（首选 = *）Lance	机会点 Joel	可能的回应（首选 = *）Joel
3	尽量不陷入那种思维模式。	*3a：那你希望用什么思维模式来替代它？	这没有困扰我。	3a：见上。 3b：你没有感到困扰，那你感觉到什么？
4			我不去想……哦，我得洗衣服（悄声说）……我应该戴手套吗（疑问）……我不应该戴手套吗（疑问）……	4a：你认为戴手套可能有用？ 4b：你是如何决定戴手套的？
5			尽量不陷入那种思维模式。	5a：如果10分表示不陷入那种思维模式对你来说很容易，0分表示最难，你会打几分？ 5b：你如何知道自己处在不同的思维模式？ 5c：那是一种什么样的思维模式？ 5d：当你不陷入那种思维模式时，对你来说会有什么不同？

会谈2，语段5：讨论

分析Joel的临床记录表

Joel：我把这个语段分成了5个机会点。在这些机会点中，我选择了第1个（“我的意思是我不去想它”）。在那个机会点中有3个可选择的回应，我选择了1c（“这如何改变了你对自己称为OCD思维模式的看法？”）。我之所以这么选是因为这是对她的OCD诊断的进一步反击：本质上是一种解构。我认为她的陈述表明她进入了一个非常不同的语言游戏——一个排除了诊断的语言游戏。

Lance：我觉得这个语段很有意思。我正在考虑其他的机会点——那些你没有选择的机会点。

Joel：我做出的选择确实回应了你之前说的某些事情。在这种情况下，我认为她和我需要一起逐步拆解这个OCD的构建。

Lance：我在想"思考"本身是否是她与OCD做斗争所带来的麻烦。她只是看到一个刺激然后作出反应，然后感觉这样反应是有效的，这就结束了。到此为止这并不像是OCD，但当她开始思考，"我应该做吗，还是不应该？"或者"我做了吗，还是没做？"这才变成了问题式谈话。所以我感到有必要对这个情况做出区分，这也是我认为你正在做的事。你提出的诸如"那是OCD的一部分吗，或者不是？"这样的问题，我认为很重要。她做的一些事情只是日常生活行为——在我看来它们根本不像OCD：就只是洗个衣服——其中有些她不太能接受的地方。她是否需要在她的言语中对正常的和不正常的事情做一些区分？这就是你正在干的事儿——解构问题。

分析Lance的临床记录表

Lance：我们来看一下第1个机会点，这是你选择的，"我不去想它"，这个机会点对我也有很强的吸引力。对此，我给出的回应是，"当你不去想它时，这会是一个对你有用的信号吗？""当你不去想它时，它给你带来什么（启示/感受）？"你的提问通常更偏向行动性（见1a～1c）。我喜欢它们的简单直接。我首选的是第3个机会点，它与第1个机会点是有关联的："不去想它"和"不陷入那种思维模式"。我给了一个可能的回应（3a）。我认为这将帮助她明确她想要什么。我希望我们能为她想要的思维模式找到一个名字，而她不想要的思维模式就不需要找名字了。我们确实需要这样做，一旦我们为她想要的思维模式命名了，就可以开始让她描绘当她进入这个新的思维模式中时情况会发生什么不同，它何时曾发生过，洗衣服这事儿在新的思维模式下是如何被看待的。

Joel：我也喜欢这个选择，因为你其实是在对她说："你希望如何开始以不同的方式思考这个问题？"如果你没有以不同的方式思考的话，要怎么回答这个问题呢？

Lance：这是紫色大众汽车问题。

Joel：或者是一只粉红色的大象。你通过询问她希望如何改变思维模式，来要求她改变思维模式。

Lance：也许这就是希望问句的功能。当你问出了希望问句，人们在回答它的时候自然就会进入希望的视角中。希望问句之所以能如此有效，就是因为它虽然简单，但是你只要回答它，就会转变自己的视角。

Joel：你在邀请他们以不同的方式思考，而不是直接告诉他们要以不同的方式思考。

Lance：对，他们通过回答自己希望什么，向你展示了以不同的方式思考是多么简单。

Joel：这是一种"走后门"达到目的的方法。

Lance：在我的教学中，我发现询问人们希望通过这次会话得到什么结果，而不是他们在生活中想要什么不同，会更有帮助。

第7章

应用：将机会点作为督导工具

Erica是一名职业咨询师。她自愿成为受督者，使用机会点的微观分析作为督导工具。Erica住在加拿大多伦多。她为本次督导提供了两次会谈的逐字稿和六段视频片段，内容是跟她的一位来访者于2021年6月24日和6月28日在Zoom上进行的两次会谈。

在第一次督导会议之前，Erica和Joel完成了对两个视频片段的微观分析。他们在督导中做了包含分析的临床记录表。为了更好地展示督导效果，Joel整合了两张临床记录表，在同一张表中显示了来访者的语段、机会点和两位分析师觉得可以提的问题。

为了保持相对的一致性，Joel选择要分析的机会点。在第4章中，我们统一使用“语段”（utterance）一词。在这种情况下，由于语段太长，因此决定将较长的语段分为子语段。

第1次会谈：2021年6月24日

片段1：子语段1

它是什么呢？我想这就是抓住能量的机会吧。我的能量一直都是变化的，我无法预测。哦，我今天会有好的一天还是坏的一天。或者，今天我要从沙发上爬起来。我无法预测那些日子。所以当我意识到，嘿，今天其实是更好的一天，阳光灿烂。想法就开始流动起来，它就像是那种，完美的时光，完美的地方。还有执行力。就像是我设法将这三者结合起来一样。我想，嘿，我成功做到了。然后我注意到，当我专注在艺术创作的时候，重点不是我的疼痛或痛苦。而是，嘿，我正在用这种能量做一些事情。我有这种不安的能量，所以我决定投入到一些具体的、真实的事物上，而不仅仅是摆弄我的手指或试图找到一个能在手指上旋转的陀螺——不知道孩子们管它叫什么。这太美好了。这让我开始行动。

表7.1　我无法预测那些日子

机会点	可以提的问题 （首选=*）Joel	可以提的问题 （首选=*） Erica
1. 它是什么呢？我想这就是抓住能量的机会吧。我的能量一直都是变化的，我无法预测。哦，我今天会有好的一天还是坏的一天。或者，今天我要从沙发上爬起来。我无法预测那些日子。	1a：你拥有这种能量的第一个迹象会是什么？ 1b：你在哪一刻会注意到今天是个好日子？ *1c：很好的一天包含了些什么？ 1d：在0到10的范围内，10是可以想象到的最好的一天，你会给那些日子打几分？ 1e：从0到10，你对这种情况再次发生的可能性有多大信心？	1a：在过去的一个月里，你什么时候抓住了这种不安的能量，并用它做了一些对你有意义的事情？
2. 所以当我意识到，嘿，今天其实是更好的一天，阳光灿烂。想法就开始流动起来，它就像是那种，完美的时光，完美的地方。	2a：你第一次意识到是什么时候？ 2b：更好的一天到来的第一个迹象是什么？ 2c：是什么样的想法流动起来？ 2d：你做了些什么让完美的时光，完美的地方持续下去？	2a：你还在什么时候出现过这种想法开始流动的情况？
3. 然后我注意到，当我专注在艺术创作的时候，重点不是我的疼痛或痛苦。而是，嘿，我正在用这种能量做一些事情。	3a：你从这些经验中学到了什么？ 3b：需要做些什么，可以让这种情况更多地发生？ 3c：为此你做了些什么？ 3d：这是一个大大的惊喜，还是小惊喜？	3a：你在什么时候，尽管很痛苦，但是仍然能专注于某件事情？ 3b：当你能够抓住能量的机会时，你想做什么？ 3c：在一个理想的日子里，当你能够抓住这种能量时，你可能会做的第一件事是什么？ *3d：你能告诉我，你上一次抓住能量的机会，并把它变成具体的、真实的事物，是什么时候吗？ 3e：还有什么活动能让你摆脱痛苦，创造出具体真实的事物？

续表

机会点	可以提的问题 （首选=*）Joel	可以提的问题 （首选=*） Erica
4. 我有这种不安的能量，所以我决定投入到一些具体的、真实的事物上，而不仅仅是摆弄我的手指或试图找到一个能在手指上旋转的陀螺——不知道孩子们管它叫什么。这太美好了。这让我开始行动。	4a：你是如何将不安的能量转化为更有用的东西的？ 4b：你是怎么做到的？ 4c：如果这种情况继续下去，甚至发生得更多，会怎样？ 4d：需要做什么才能让这种情况发生得更多？ 4e：谁注意到了这种不同的能量，是如何发现的？	4a：你最近做的具体的、真实的事情是什么？ 4b：尽管你的身体一直在疼，但在0到10的量表中，10分是你非常有信心可以继续把精力投入到具体有形的事物上，而0分是相反的，你现在有几分？

Joel：　你认为最有帮助的是什么？

Erica：　我不确定什么是最好的。

Joel：　我们可以比较一下表格中的内容。看看进展如何。你期待这次谈话对你有什么帮助？

Erica：　也许可以知道我问的问题是不是“焦点解决式”的好问题。希望你可以指出那些更“聚焦问题”的提问，或者可以改进的提问。

Joel：　好的。

Erica：　我要把这些语段再分得细一些吗？

Joel：　我们的想法是把它分解成不同的机会点。这是一个很好的方法。语段和语段中的机会点是不同的。（回顾Erica对片段1-子语段1的回应）你觉得最好的问题是“你能告诉我，你上一次抓住能量的机会，并把它变成具体的、真实的事物，是什么时候吗？”你的理由是什么呢？

Erica：　我认为这个问题可以探索她在身体疼痛、不舒服的时候，还能做一些具体的、真实的事情的例外情况和时间。

Joel：　我想其中的任何一个问题都不错。我认为它们肯定都是建立解决方案的回应。（他们查看Joel的记录表。）你有什么问题或意见吗？

Erica：我回顾了所有的问题，我想，“我在哪里可以添加量尺问句？”这是我通常不会做的。

Lance：我认为这一时刻证明了微观分析在督导中的特殊价值：一名咨询师可以向另一名咨询师提出还有哪些提问的可能性，并选择他们可能会将什么融入自己的工作中，所有这些都避免了一个人告诉另一个人应该做什么的原有的“督导”互动。（事后评论）

Joel：对，我要对你的其中一个问题做个点评。我喜欢的是，“尽管你的身体一直在疼，但在0到10的量尺中，10分是你非常有信心可以继续把精力投入到具体有形的事物上，而0分是相反的，你现在有几分？”你基本上颠倒了这个量尺。在你对片段4–子语段2的记录中，她使用了疼痛量表，她把自己对疼痛的感知定为10，这是最高的。你颠倒过来，你把10作为她信心水平最高时的分数。

（他们回顾了Joel的片段1–子语段1。）

Erica：我喜欢这个问题，“这是一个大大的惊喜，还是小惊喜？”（3d）

Joel：你喜欢这个问题？

Erica：我觉得问这个问题可以更明确地知道她觉得这是一件大事还是一件小事。有时我会猜想，如果我能更明确地知道这是一个大惊喜还是小惊喜，那可能会是很有帮助的。

Joel：这被称为“选择的幻觉”。她可以选择惊喜的大小，但她不能选择是不是惊喜。

Erica：这很有道理。我喜欢，“你从这些经历中学到了什么？”她能从中吸取什么教训？我还喜欢，“需要做些什么，可以让这种情况更多地发生？”我不会想到第4个机会点（片段1–子语段1）中的任何问题。

Joel：看看她说了什么（片段1–子语段1–机会点4）。疼痛既是一种认知体验，也是一种身体体验。（Milton）Erickson会让人们在恍惚中转移疼痛（O'Hanlon，1987，pp.67–68）。

Erica：为了转移疼痛？

Joel：是的。正因如此，它改变了疼痛的体验，并将注意力从疼痛上移开。

片段1：子语段2

事实上，我可以一次专注于一件事，这很好。我注意到，我正在学习的就是感悟能力，这真的很好。我知道我能做什么。我不会和自己斗争，就是一边让自己感觉很糟糕，一边说我知道我现在不能这么做。以前我会一直说下去，现在我为自己感到难过。你知道吗，就像是说，好吧，我知道今天不是做这件事的好日子。所以，我不会去做。我不会让自己感觉不好。我不会让自己犯错。

表7.2　我不会让自己犯错误

机会点	可以提的问题（首选=*）Joel	可以提的问题（首选=*）Erica
1. 事实上，我可以一次专注于一件事，这很好。	1a：能说说是怎样的好吗？ 1b：你能一次专注于一件事，这对你有什么不同？ 1c：你是怎么做到的？	1a：你能给我举个例子，说明你一次只专注于一件事吗？ 1b：你还有哪些时间能够一次专注于一件事？
2. 我注意到，我正在学习的就是感悟能力，这真的很好。我知道我能做什么。	*2a：关于感悟能力，你学到了什么？ 2b：类似于1b。 2c：你现在感悟到你能做些什么？ 2d：然后你做什么了？	2a：还有什么时候你也体验到了有感悟能力的好处？
3. 我不会和自己斗争，就是一边让自己感觉很糟糕，一边说我知道我现在不能这么做。	3a：你不跟自己斗争了会做些什么呢？ 3b：你是如何有勇气和那些让自己感觉糟糕的冲动作斗争的？ 3c：那你做了什么别的事情？	*3a：不再做让自己感觉不好的事之后，你有了哪些不同的感受/经验？
4. 以前我会一直说下去，现在我为自己感到难过。你知道吗，就像是说，好吧，我知道今天不是做这件事的好日子。	4a：在不太好的日子里，你会做哪些对自己有帮助的事情？ 4b：不好的日子开始变成好日子的最初迹象是什么？ 4c：什么有助于把不好的日子变成好日子？ 4d：不太好的一天变成了好的一天的苗头都会在什么时候出现？	4a：你能给我举一个你上次能够应用这种感悟能力的例子吗？ 4b：假设你第二天早上醒来时对自己能做的事情有了新的感悟，你会注意到的第一件事是什么？

续表

机会点	可以提的问题（首选=*）Joel	可以提的问题（首选=*）Erica
5. 所以，我不会去做。我不会让自己感觉不好。我不会让自己犯错。	5a：那你会做些什么？ 5b：这种决心是从哪里来的？ 5c：你怎么有勇气坚持下去的？ 5d：是什么帮你撑到下一个好日子的？ 5e：当你告诉自己你不会犯错时，有什么不同？	5a：同3a。

Joel：　Erica的记录中，“假设你第二天早上醒来时对自己能做的事情有了新的感悟，你会注意到的第一件事是什么？”这是奇迹问句的变体。你选择了3a。你的理由是什么？

Erica：　这似乎是我与这位来访者会谈的主要议题。当她对一项活动感到兴奋时，往往会用力过猛，第二天就要面临更严重的身体不适。我想把注意力集中在她想要的其他感受上。

Joel：　我在想，这是想帮助她学会如何调整自己的节奏吗？

Erica：　是的，这是我们会谈的一个重要主题。她觉得这就像坐过山车一样。一旦她对某件事感到非常兴奋，她就会沉浸其中。比如，她想打扫大部分的房间，因为她知道自己的身体没有能力打扫整个房间。她可能需要做一点点，就休息一下。事实上，当她开始做一件事，就会一直不停地做，结果第二天身体就会非常难受。

Joel：　就节奏而言，如果你想在这个机会点——在她可以处理好自己的节奏这方面增加一些东西，你会怎么做？

Erica：　你是说我可能会问什么问题？

Joel：　对，如果你想要处理节奏的问题。

Erica：　我想我接下来会问这样的问题。我问她在开始下一个活动之前可能会告诉自己些什么。她知道我们曾讨论过的很多策略，只是不记得用了。我想我可以问的一个问题是，“在开始一项活动之前，你可能会问自己或告诉自己些什么？”

Joel： 我想跟进一下我们之前没有确认的一点，我很好奇：她说她和你一起工作的目标是什么？

Erica： 其中一件大事是对公共汽车脱敏。她曾在公共汽车上被撞伤。公共汽车与另一辆车相撞，她被甩了出去。她的胳膊、手和手腕都骨折了。这导致她全身疼痛，非常疲倦，这也影响了她的情绪状态。所以，她不喜欢自己的抑郁和对外出的焦虑。她想重新能够乘坐公共交通工具，这样她就可以做志愿者并重返工作岗位。意外受伤限制了她的生活。她很想自己独立完成刷牙、洗澡这些事情。现在，她大部分时间都坐在沙发上。她是个艺术家。在别人的鼓励下她一直在做一些小项目，却并没有主动做任何事情。她参加过厨师培训，所以她想重新开始烹饪。她会做一道精致的菜，结果第二天身体会更难受。所以，这确实与节奏有很大关系。我认为，向她提出“焦点解决式”的问题已经帮她更好地管理了自己的生活，并在身体不方便的情况下也能找到做饭的方法。我想如果我提出这些建议，她可能不会接纳——毕竟厨师不使用冷冻蔬菜和预制酱汁。

Joel： 到目前为止你见过她几次了？

Erica： 我已经和她一起工作两年多了。我大约一个月见她一次。

Joel： 她会怎么说你们的合作是如何帮助到她的？

Erica： 我想她会说她学到了很多策略，尽管她并没有一直执行这些策略。她说她一直摔倒，但又爬起来了。她可以重新站起来，因为她使用了不同的策略。我想找回事故发生前她生活的点点滴滴。她已经重拾自己的艺术创作，她更多地外出了，她更善于与人交往。事故刚发生的时候，她很难做到这一切。

Joel： 这可能需要一些推测。她会说需要发生什么，她就会认为和你在一起已经取得了足够的进步，然后她可以继续独自前行？

Erica： 我刚开始和她一起工作的时候，我告诉她，我工作的目的就是让自己失去这份工作。所以有一天你要走出山谷，走上自己的路。她不希望治疗结束。她说我们的咨询结束，对她来说会很艰难。还有其他为她提供帮助的人，因为她的保险终止而不得不结束治疗，令她难以接受。所以，她不希望这一切结束。我想也许我可以成为她脑海中鼓励她的声音。她说她在脑子里听到了我和其他人提醒她做事的声音。

Joel：通常，在第二次及之后的咨询里，我会问一个量尺问句，10分是事情足够好了，我们不需要再见面了。然后我问他们，事情需要到什么程度才能让他们认为自己已经可以继续独自进步了。如果有人告诉我他们想回来，我也不会拒绝。这不是那种几次疗程后就结束了的短期治疗。我喜欢在他们面前保持"高效"——共同建构治疗即将结束的共识。

片段1：子语段3

所以，我正努力在工作和专注之间找到平衡。这就像一段高潮体验那样，我太专注于自己正在做的事情而不是疼痛。我没把注意力放在疼痛上。但当我完成一个项目时，我会说，哦，太好了，我完成了。然后，哦，糟糕，我的四肢跟不上了，我太累了，我真的需要休息！

表7.3　所以，我正尽力找到平衡

机会点	可以提的问题 （首选=*）Joel	可以提的问题 （首选=*）Erica
1. 所以，我正努力在工作和专注之间找到平衡。	1a：你找到平衡的迹象是什么？ 1b：你什么时候很接近那种平衡感？ 1c：在0到10的范围内，如果10分是你达到了平衡，你现在有几分？ *1d：奇迹问句——奇迹就是已经达到了平衡。	1a：是什么帮助你在高度专注于一个项目和休息之间取得平衡？ 1b：你能给我举一个你上一次在专注和休息之间找到平衡的例子吗？
2. 这就像一段高潮体验那样，我太专注于自己正在做的事情而不是疼痛。	2a：当你有那样的高潮体验和专注度的时候，疼痛是如何变化的？ 2b：你是如何摆脱痛苦，集中注意力的？ 2c：集中注意力是如何改变疼痛感的？	2a：想象一下未来，当你专注于一个项目时，你会对自己说些什么？

续表

机会点	可以提的问题（首选=*）Joel	可以提的问题（首选=*）Erica
3. 我没把注意力放在疼痛上。	3a：那你注意到了什么？ 3b：改变注意力会产生怎样的影响？ 3c：你是如何改变注意力的？	3a：那你注意到了什么？
4. 但当我完成一个项目时，我会说，哦，太好了，我完成了。然后，哦，糟糕，我的四肢跟不上了，我太累了，我真的需要休息！	4a：你在学些什么来调整自己的节奏？ 4b：你从所有的辛苦努力和高度专注中恢复过来的最初迹象是什么？ 4c：当你多多休息之后有什么不同？ 4d：什么告诉你需要休息？	*4a：当你开始着手一个项目时，你会给自己什么建议？

Joel：你的策略是帮助她调整自己的节奏。你选择了4a。你的理由是什么？

Erica：我认为这个问题可能有助于她自我教练，并想出有关调整节奏保存实力的策略。

Joel：为什么你会选择这个而不是，比如说1a或1b？

Erica：我认为这两个都是不错的选择。我选择4a的原因是，我们刚刚在几次会谈中详细讨论了这些议题。她知道策略是什么。她只是没有在深入某件事之前提醒自己，或是花点儿时间反思。

Joel：我想另一种选择是问她，“你曾经哪一次在专注于做事和休息之间找到了平衡？”这个问题是假设之前有过一次。你所做的我认为有效的事是使用她的语言。她给了你这些关键的短语和词，你就学会了。我的经验是，当你使用他们的语言时，会让来访者感觉到你在听他们说话。回顾我的临床记录表，你有什么想评论或质疑的吗？

Erica：我喜欢这个问题，“你找到平衡的迹象是什么？”

Joel：这是另一个假设问句的例子。我认为现在是问奇迹问句的好时机，因为她给了你关于平衡的词语。

Erica：所以，用奇迹问句来解决平衡问题。当你问奇迹问句时，你是问一整天都会发生什么，还是会问“你会注意到的第一件事是什么？”

Joel： 我通常会问“从你睁开眼睛到闭上眼睛，你会做什么、想什么或感觉到什么；会发生什么事情，让你知道奇迹发生了？”然后我等着看他们的反应。通常，我会回到他们醒来后会注意到的第一件事的问题上。我一开始会更倾向于笼统的问题，看看他们会有什么反应。

Erica： 我有时会觉得我已经引导来访者想象了一整天的样子，这会变得重复。我认为更笼统会更有帮助。

Joel： 你总是可以问“那么，奇迹发生后的这一天还会发生什么？”然后问“谁会注意到它，他们会如何注意到它？”这可以扩展到他们是如何意识到它的，以及他们会如何回应。这可以对奇迹进行非常丰富的描述。

Erica： 我想我从来没有问过像你的2a这样的问题。

Joel： 作为一名心理治疗师，听听你对此的想法很有趣。

Erica： 我通常不会问很多关于疼痛本身的问题。我会问一些关于疼痛在哪里的问题。对我来说，重点是代偿策略。他们能做些什么来减轻疼痛。我们可以用不同的方式来改变环境。所以我想我的问题不在于疼痛本身。试着问问疼痛是如何变化的会很有趣。

Joel： 我也没有（都笑了）。这就是这么做的好处，“我从来没有问过这个问题，但这是一个很好的问题”。

Erica： 关注疼痛的性质和位置是如何变化的。

Joel： 我们之前讨论过疼痛从生理和认知两方面的表现是怎样的。那么，你能进行什么样的对话来共同构建不同的体验呢？如果询问某人疼痛在哪里，这会让他们专注于疼痛。因此，这是在共同构建更多的痛苦。而询问疼痛是如何变化的，则共同建构了痛苦的体验是多变的。

Erica： 在谈论疼痛时，关于疼痛如何改善或好转的问题合适吗？

Joel： 是的，我认为任何可以改变对于疼痛的体验的共同建构都是合适的。你无法改变身体，但你肯定可以改变他们对疼痛的体验。

Erica： 有些职业治疗师是疼痛方面的专家。你可以继续接受关于疼痛本身的教育。我还没有，所以，这是我需要提升的地方。

Joel： 在一次焦点解决短程治疗协会会议上，我们有一位医生主持人，他谈到了疼痛体验。她说的是使用典型的疼痛量尺，其中10表示无法忍受的疼痛。她说，在一个研究中，人们在被问及疼痛量尺后，再问到他们的疼痛体验时，他们报告说感到了更多的疼痛。这对我来说很有道理。如果你被问到疼痛量尺，你构建的是疼痛的体验。我在一次培训中谈到过这一点。一位护士告诉我，她总是问舒适度量尺问句，而不是疼痛度。

Erica：我会试试的。

Joel：作为一名OT（作业治疗师）思考一下“我应该和一个人进行什么样的对话，才能帮助他获得对痛苦的不同的体验？”可能会很有用。我很好奇，作为OT，这有意义吗？

Erica：是的，当然，因为我们的很多问题都是关于疼痛和症状的。在评估过程中，我会问他们的疼痛是什么样的，例如，他们的下背部或头痛是什么样。如果我正在与来访者进行治疗，我可能应该重新定义疼痛体验。

Erica：对我来说，这就引出了我们如何看待评估。你可以把评估看作中立和客观的。但我认为它们从来都不是。我们所说的评估实际上只是另一种干预形式。你仍然在与它们共同构建现实。当我在社区心理健康中心工作时，作为执业资格要求的一部分，我们必须进行评估。我认为我们真的不是在做评估，而是在做治疗。我们进行了“焦点解决式”的第一次会谈。我发现完成评估表是完全没有问题的。你可以在工作中尝试一下，看看你只做一个“焦点解决式”的第一次会谈能收集到多少信息，这可能会很有趣。

Erica：对我来说，我的部分职责只是做一次性评估。我会为法律或医学系统提供评估报告。我需要回答聚焦症状的问题。当我只做评估时，很难专注于解决方案。当我与我将要合作的来访者进行评估时，我认为有机会进行一次焦点解决式会谈。我的情境评估（situational assessments）[1]方式是这样的：我让他们在家里做一些事情，打扫卫生

[1] 情境评估是功能评估，着眼于来访者在身体、认知、心理情绪和心理社会健康方面受到事故的灾难性影响的程度。

或做饭；第二天我们走进社区——也许去商店购物。你认为在评估中更多地用焦点解决会导致不同的结果吗？我会从来访者那里看到不同的东西，而不是他们的极限——那些令人挫败的极限吗？你认为他们可能会有进步吗？

Joel：你找到答案了吗？我可以用不同的方式提出这个问题。从焦点解决式会谈的角度来看，你将如何做到这一点，并仍然可以获得评估所需的内容？

Erica：我以前从来没这么想过。我开始使用焦点解决的方式与来访者合作，但当我查看笔记时，我意识到我没得到足够的信息。保险公司想知道来访者的缺陷，以什么理由来支付这个来访者的费用。

Joel：你刚好转到了相反的方向。舒适度量尺的3分是疼痛量尺的10分。给我举个例子。

Erica：一位来访者告诉我，在过去的一个月里，她每周都会做一次饭。这对她来说是一个很大的进步，因为她以前根本不做饭。我想我可以记录下她每周能做一次饭，但要想增加仍然存在挑战。

Joel：我想你可以问她如果多做一天需要什么。她可能会说些什么？

Erica：她可能会说她得能继续得到家人的支持。

Joel：我想你可以注意到她有一天会做饭了，但为了扩大这一点，她仍然需要支持。焦点解决式会谈和商务会谈是有区别的。现在我们再回到记录表？

Erica：我没有使用改变问句；我想我应该开始使用它。

Joel：你认为这对你的工作有什么帮助？

Erica：我认为这就是聚焦解决的整体方向——询问改变。我认为刻意使用“改变”会有所帮助。我还没有想过使用4b。我想那会是与她谈话的好方法。

Erica：她经常提到一些活动的影响。如果她出去购物，她必须在外面的门口坐上一两个小时，以便能够恢复，然后才能爬楼梯和洗澡。也许一次关于康复的谈话可以帮助她减少康复的时间。我没有想过这样的问题——“休息后有什么不同？”

Joel： 在我看来，这会解决节奏问题。

片段2：子语段1

但我现在关注我的身体了。更关注了。它总是发生吗？没有。我还在努力保持觉察吗？

表7.4 但我现在更关注我的身体了。

机会点	可以提的问题（首选=*）Joel	可以提的问题（首选=*）Erica
1. 但我现在关注我的身体了。更关注了。	1a：你如何更多地关注你的身体？ *1b：自从你更多地关注自己的身体，你有了哪些变化？ 1c：更多地关注你的身体是如何改变你感知疼痛的方式的？ 1d：关注你的身体能让你做些什么？	*1a：你能给我举五个你在关注身体的例子吗？ 1b：上次你意识到你在关注你的身体是什么时候？ 1c：什么能帮助你关注自己的身体？
2. 它总是发生吗？没有。	2a：它什么时候发生？ 2b：有什么迹象表明它会发生？ 2c：当它发生时，会有什么不同？ 2d：你能估算一下它发生的时间占比是多少吗？	2a：它什么时候发生？ 2b：这种情况发生在什么时间段？
3. 我还在努力保持觉察吗？	3a：你什么时候成功？ 3b：当你有觉察时，会有什么不同？ 3c：你怎么做能变得更有觉察？ 3d：是什么帮助你变得更有觉察？	3a：你努力去觉察的时候有什么不同？ 3b：是什么让你知道你可以继续努力去觉察？

Joel： 我喜欢1a。1b是一个假设问句的例子。与说“有……时间吗？”非常不同的是，大多数时候他们都会想出一些东西。

Erica： 所以，一个假设问句假设他们已经有了过去的经验。使用诸如“何时”之类的词语。

Joel：是的。你有没有问过1a这样的问题？

Erica：不，我从来没有想过问那种问题。我在看1c。我从来没有问过关于疼痛感知的问题——我从来没有询问过她对疼痛的感知。我认为这可能对她有用。

Joel：在你作为一名职业治疗师的工作中，如果你开始将疼痛视为一种体验而非身体问题，会发生什么？

Erica：你觉得疼痛的心理教育怎么样？和她谈谈疼痛是如何工作的，对疼痛的感知，以及我们如何改变这一点，会有什么好处吗？这是一种不同的模式吗？

Joel：这是一个有趣的问题。进行这样的谈话会有什么不同？

Erica：就我个人而言，我喜欢了解很多信息。我想研究事情是如何运作的以及为什么如此运作。那么，你是坚持只问焦点解决式的问题，还是也会有一些教育的部分？

Joel：你认为这不是焦点解决式会谈吗？对他们说：“疼痛有两种——身体上的和经验上的。”

Erica：我接受过的其他训练就是问问题。我喜欢这样一种想法，即除了问题之外还有一些东西。

Joel：我想，如果我知道一些对来访者有用的信息，我为什么不让他们知道呢？我认为最好不要对SF的定义过于死板。我认为，如果某件事是有效的，你更要多做。我当然认为，如果在谈话过程中，来访者提出了一些有研究支持的东西，可以称赞来访者掌握了连“专家”都认同的知识。这会让来访者更明智。

Erica：这很有帮助，因为我一直在努力探索如何将职业治疗实践跟焦点解决的实践相结合。

Joel：在其他片段中，她暗示了感受是如何影响疼痛的。她谈到了专注于其他事情是如何分散她对痛苦的注意力，让痛苦变得更容易忍受的。这些都会让她确认对疼痛的感知是可以改变的。另一种选择是等到休息以后，利用这个时机谈论感知和疼痛。“你知道疼痛和对疼痛的感知是有区别的，这是多么聪明啊。”所以，你把这些认知的提升归功于她。所以，你选择了1a。这么选的原因是什么？

Erica：她说她在更多地倾听自己的身体。所以我对她做这件事的具体方式很感兴趣。

Joel：是的，我选择了1b，因为这是一个假设问句，假设她更多地倾听自己的身体，然后进一步假设这会产生影响。在我们安排下一次会谈之前，我很好奇这次经历对你来说是什么样的，以及它对你有什么帮助。

Erica：这非常有帮助。我经常想知道我问的是焦点解决式的问题，还是以问题为导向的问题。我还问自己，我是否应该问其他类型的问题——我是否对这些问题持封闭态度，是否还有更多的问题可以问。我很高兴可以看到你提出的问题，这扩展了我对有可能的工作方向的认知。

Lance：这是另一个关于机会点的督导分析的好处。（事后评论）

Joel：我不得不说，你的会谈内容中，我还没有看到一个以问题为导向的提问。

Erica：过去有人建议我把会谈录音，然后逐句复盘。我觉得这没什么帮助。我们喜欢现在这种方式。我喜欢去想尽可能多的问题，然后思考我会选择哪一个，以及为什么。整个过程非常有帮助，我可以随时回顾。所以我更多地这样做，我就能够想到更多可以问出的问题。

第2次会谈：2021年6月28日

片段2：子语段2

哦，我很好，很开心，精神抖擞，好吧。就像今天可能是美好的一天。或者有些日子，我从噩梦中醒来，然后我想，哦，该死，再见。好吧，我今天就放松点。

表7.5 希望今天是个好日子

机会点	可以提的问题 （首选=*）Joel	可以提的问题 （首选=*）Erica
1. 哦，我很好，很开心，精神抖擞，好吧。就像今天可能是美好的一天。	1a：是什么让一天变得美好？ 1b：美好的一天的第一个迹象是什么？ 1c：发生了什么会让你知道那是美好的一天？ 1d：同2d。	1a：是什么让你知道你有能力应对未来的日子？ *1b：好日子是什么样子的？ 1c：当你精神抖擞地醒来时，你会做什么？
2. 或者有些日子，我从噩梦中醒来，然后我想，哦，该死，再见。	2a：其他几天会发生什么？ 2b：那几天你过得怎么样？ *2c：你怎么知道你需要放松？ 2d：你会怎么做？ 2e：当你漫不经心地对待它时，它有什么不同？	2a：是什么让你知道你有能力应对未来的日子，无论你是从噩梦中醒来，还是醒来时感觉精神抖擞？ 2b：对你来说，放松是什么样子的？ 2c：当你从噩梦中醒来，你是如何度过那一天的？

Joel：关于我们上次见面谈的内容，还有什么想法需要补充吗？

Erica：事实上，我周五又见了这位来访者。我问了更多的问题。我尝试和她一起使用了我们的问题清单。真的很顺利。她在整个会谈中完整填写了好转迹象清单。起初，她说她希望能够开始爬梯子。她想象自己在一个黑暗的坑里，有一架梯子，她正在艰难地搭建梯子，以逃离那个黑暗的坑。她谈到了她正在迈出第一步的小小迹象。我跟随着她，谈话就这样继续下去。

Joel：很好，那么你做了什么不同的事情？那真是一件了不起的大事！

Erica：我比以往更多地打断她的话。一旦她想要转换话题，我会让她回归正轨。（见记录表）我喜欢1b，它用的是一般现在时。

Joel：那是正在寻找变化的小迹象。我选择了2c。这是一种间接的恭维。

Erica：我更喜欢2c。我喜欢这个问题，因为这是她最近关心的问题（噩梦的频率增加），我想知道她的应对策略。

Erica：我认为我没有使用很多间接的赞美。我喜欢这个问题。她用了“噩梦”这个词。我想这可能是一个否定词。你问问题的时候会避免吗？

Joel： 这取决于你如何使用它。例如，看看你的2c。就用得很好。这是一个应对问句。你所做的一切都与应对噩梦有关。

片段3：子语段1

但我认为好像有什么东西回来了，就是原来的我身上的某一部分，因为我曾经是一个经常做志愿者和帮助他人的人。我总是有很多办法。所以这是其中的一部分。所以我猜是觉察的部分回来了，因为我比自己想象的更有能力。

表7.6 我比自己想象的更有能力

机会点	可以提的问题（首选=*）Joel	可以提的问题（首选=*）Erica
1. 但我认为好像有什么东西回来了，就是原来的我身上的某一部分，因为我曾经是一个经常做志愿者和帮助他人的人。	1a：关于“原来的我”，你注意到了什么？ 1b：那么，如果“原来的我”回来了，你会做什么？想什么？感受到什么？ *1c：量尺问句，其中10分是“原来的我”。	*1a：当“原来的你”回来的时候，你的朋友会注意到什么？ 1b：关于“原来的你”回来了，能多说一些吗？ 1c：“原来的你”的哪一部分回来了？ 1d：最近一次你发现“原来的你”回来了是什么时候？
2. 我总是有很多办法。	2a：哪些办法对你有效果？	2a：哪些办法能让你变成“原来的你”？
3. 所以这是其中的一部分。所以我猜是觉察的部分回来了，因为我比自己想象的更有能力。	3a：是什么让你比你认为的更有能力？ 3b：当你肯定自己的时候，你认为自己有哪些优点？	3a：是什么让你知道你比自己想象的更有能力？ 3b：其他人是如何注意到你的这种能力的？

Erica： 我没想过要问1c那样的量尺问句。我喜欢这个问题。

Joel： 是的，那正是我的偏好。当我听到这种说法——回到过去的我，量尺问句就在召唤我。这就是非常容易用量尺的情境。

Erica：我也喜欢“你会做什么？想什么？感受到什么？”这句话给了她不同的选择。

Joel：它很好地总结了人类的经验。你还有什么感觉、想法和行动？我必须承认，这是我从Harry（Korman）那里偷来的。我从Harry那里学到的。它用三个词概括了人类经验的全貌。你选择了1a。

Erica：她有几个亲密的朋友，我很想听听他们对她“原来的我”回归的看法。

Joel：我会补充你的理由。如果她回答了这个问题，她就会表现出通过别人的眼睛看自己的能力。尤其是当你遇到那些感受性强的来访者时，问他们其他人会怎么注意到事情会更好，这要求他们描述行为而不是感受。Wittgenstein（1958，p.153）曾说：“内在过程需要外在标准。”我认为你的问题将社会背景也纳入其中了。

Erica：她经常提到她为数不多的密友。事故发生后，她失去了很多朋友。她确实有朋友，她紧紧抓住他们。我喜欢你说的话：这让她描述了自己的行为。我还有一些来访者，他们很难谈感受，因此，我认为让他们描述行为而不是感受对他们是有帮助的。

片段3：子语段2

所以当你处于生存模式时，你必须做你该做的事。我也一样。我想，那就是跌倒的感觉。那就是在所有的倒霉时刻，我该怎么办。我想所有的经验教训都是一种回报。所以，每当我认为这是一次彻底的失败时。我会说，不，不是。因为我复原了。

表7.7　当你处于生存模式时

机会点	可以提的问题（首选=*）Joel	可以提的问题（首选=*）Erica
1. 所以当你处于生存模式时，你必须做你该做的事。	1a：什么能帮助你继续前进？ 1b：你做什么帮助自己回到正轨？ 1c：你是怎么帮自己度过这些时刻的？	1a：当你处于生存模式时，是什么让你坚持下去？ 1b：当你处于生存模式时，你是如何应对的？

续表

机会点	可以提的问题（首选=*）Joel	可以提的问题（首选=*）Erica
2. 我也一样。我想，那就是跌倒的感觉。那就是在所有的倒霉时刻，我该怎么办。	2a：同1a ~ 1c.	2a：是什么让你知道即使跌倒了，你也可以继续站起来？ 2b：关于你跌倒后复原的能力，你最亲密的朋友注意到的是什么？
3. 我想所有的经验教训都是一种回报。	3a：哪些经验教训得到了回报？ 3b：这些经验教训如何获得了好的结果？ 3c：这些经验教训是如何让你重回正轨的？	3a：是什么让你知道你可以不断从经验教训中学习并复原的？ *3b：有哪些经验教训对你有所帮助？
4. 所以，每当我认为这是一次彻底的失败时。我会说，不，不是。因为我复原了。	4a：是什么让你最终相信自己并非彻底失败？ 4b：你是怎么复原的？ 4c：你复原的第一个迹象是什么？ 4d：当你复原之后，你从那些所谓的失败中学到了什么？ *4e：如果有下次，你学到的东西会如何帮你更快复原？	4a：你曾在什么时候复原过？

Joel：我选择了4e。有以下几个方面的原因： 这突显了她的优势，她反弹的能力，把失败重新建构成一种学习体验，并希望在未来她可能偏离轨道的时候帮她纠偏。你选择了3b。

Erica：她说所有的经验教训都得到了回报，所以我对她说的教训的例子很感兴趣。

Joel：我想指出你4a的一些问题。你使用一个假设问句，而不是一个封闭式问句——一个用是或否回答的问句。你再次使用她的社会背景来让她描述变化。请看3b。你如何做到这一点——引导她描述变化，而不仅仅是列一个清单？

Erica：我可能会问，“你学到了哪些教训，帮助你在复原过程中取得进步？”

Joel：我认为这仍然是一个清单。

Erica： 所以，换一种说法来关注变化？

Joel： 是的。

Erica： 我应该换掉“教训”这个词吗？

Joel： 不，这是一个头脑实验。看看你是否能保留“教训”这个词，但仍然专注于变化。

Erica： “你如何能知道自己从经验教训中学到了东西？”

Joel： 是的。她说她从经验教训中学到了东西。我很想知道她学到了什么，以及这对她有什么帮助。

片段4：子语段1

因为当我做冥想和瑜伽时，我觉得我有巨大的变化，并开始真正想要回归正常生活。不管怎样，你知道，有时会正常点儿。但是我困难重重。因为，事实并非如此，这也是许多噩梦重现的开端之一。

表7.8 这是许多噩梦中的第一个

机会点	可以提的问题 （首选=*）Joel	可以提的问题 （首选=*）Erica
1. 因为当我做冥想和瑜伽时，我觉得我有巨大的变化，并开始真正想要回归正常生活。	*1a：冥想和瑜伽是如何带来改变的？ 1b：发生了什么让你觉得你正在做出巨大的改变？ 1c：当你发生了巨大改变时，人们注意到了什么？ 1d：发生了什么事，使你知道你想回归到正常生活中？ 1e：当你开始回归正常生活时，会发生什么？	1a：除了冥想和瑜伽，还有什么能帮你回归正常生活？ 1b：你是如何在日常生活中加入冥想和瑜伽的？ *1c：你是如何重新开始做瑜伽和冥想的？
2. 你知道，有时会正常点儿。	2a：当情况正常点儿的时候，会发生什么？ 2b：关于“正常点儿”的量尺问句。	2a：对你来说，“正常点儿”是什么样子的？ 2b：什么时候情况会“正常点儿”？

续表

机会点	可以提的问题（首选=*）Joel	可以提的问题（首选=*）Erica
3. 但是我困难重重。因为，事实并非如此，这也是许多噩梦重现的开端之一。	3a：困难重重的情况下，你是如何能够继续前行的？ 3b：什么时候情况会稍微好一点点？	3a：是什么让你知道，尽管有噩梦，你还是可以回到冥想和瑜伽中？

Erica：我选择了1c。这是她在事故之前做的事情，她在过去的几个月里开始做这些。我想更多地了解她是如何在身体不适的情况下恢复这些活动的。她经常谈论自己的痛苦——头痛、疲劳和注意力不集中。她说这些干扰了她的活动能力。事实上，在过去的几个月里，她能够做到这些，这很重要。

Joel：我选择了1a。如果某件事奏效了，那就遵循这条规则。这里的目的是让她得出结论，是时候回到对她有效的事情上了。我也喜欢你的1a。我认为可以打开更多的可能性。

Erica：我想我不会问1d这样的问题。我想如果我问她，她会谈谈她的痛苦或头痛，以及想要结束这些。

Joel：所以，你认为它可能会得到一个问题导向的回应。

Erica：特别是她这样的人。她经常从问题开始，然后转向她想要的东西。

Joel：我喜欢你的1a，你用了她的语言"回归正常生活"。我认为1c更多是一个应对问句。我认为1a更能给人一种方向感。我认为区别不在于"你如何面对生活中可怕的事情"这个问题，而在于"你是如何继续你的生活的"这个问题。

Erica：我想作为一名OT，我更习惯于应对问句。想到其他类型的问句可能会对我有所帮助。

Joel：我不会放弃应对问句。当你有一些来访者在克服痛苦和残疾方面遇到困难时，这会很有帮助。应对问句往往会使对话朝着不同的方向发展。在这种情况下，她正在谈论一些对她有影响的事情：瑜伽和想要回归正常生活。我认为你不需要问她一个应对问句。她已经提出了一个积极的方向。

片段4：子语段2

就像疼痛仍然存在，一直都在。但因为药物，是的，药物让大脑雾蒙蒙的，让那种疼可以忍受。此时又回来了，哦，天哪，为什么我又开始疼痛痉挛了，我不是玩得很开心吗，好吧，我要回归正常生活了。我想找一份工作，我想为社会做出贡献。

表7.9　好吧，我要回归正常生活了

机会点	可以提的问题 （首选=*）Joel	可以提的问题 （首选=*）Erica
1. 就像疼痛仍然存在，一直都在。	1a：什么时候疼痛会稍微减轻一点？ 1b：是什么帮助你度过那些时光？	1a：尽管疼痛持续，你是如何应对的？ 1b：尽管疼痛，你用了什么方式发挥自己的作用？
2. 但因为药物，是的，药物让大脑雾蒙蒙的，让那种疼可以忍受。	2a：服药时有几分？ 2b：药物能帮你——还有什么有帮助？	2a：当疼痛可以忍受时，你能做什么？ 2b：还有什么能让疼痛和雾蒙蒙的大脑变得可以忍受？
3. 此时又回来了，哦，天哪，为什么我又开始疼痛痉挛了，我不是玩得很开心吗，好吧，我要回归正常生活了。	3a：你如何保持回归正常生活的决心？ 3b：你开始回归正常生活的最初迹象是什么？ *3c：量尺问句：10代表回归正常生活。	*3a：你回归正常生活的第一个小迹象是什么？ 3b：在0到10的范围内，10代表回归正常生活，0代表完全相反，你现在在几分？ 3c：是什么让你开心？
4. 我想找一份工作，我想为社会做出贡献。	4a：当然。 4b：为社会做贡献？ 4c：你想如何为社会做贡献？	4a：你喜欢什么样的工作？ 4b：你想以什么样的方式为社会做贡献？

Joel：我选择了3c。我认为“回归正常生活”对她来说是一种改变的愿景。假设她把自己放在量尺的某个位置，指出例外情况，共同构建希望和期待可能会有所帮助。

Erica：我喜欢3a。我会选择这个问题来引出一些小细节。我认为问关于一份工作或为社会做出贡献的问题（4a或4b）太大了，因为我们正处于探索重返工作岗位的初级阶段。我想知道4a和4b，你认为这些更偏向于“问题解决”取向吗？

Joel：也许是“什么”这个词。我认为在这种情况下，“什么”一词暗示了一个列表。这与你在3a中使用“什么”的方式不同。在这种干预中，你是在问她对改变的看法。

Erica：现在看来，我认为问她量尺问句会是一个更好的选择。你觉得问“为什么”的问题怎么样？

Joel：举个例子，说明你如何使用“为什么”的问题。

Erica：我不知道。我想我从来没有用过“为什么”这个问题。

Joel：我想我通常也不会用“为什么”这个词。我认为问“为什么”是要求来访者解释他们为什么这样做。我不确定是否很有帮助。我认为这就是“问题解决”取向方法的特点。我更感兴趣的是来访者描述行为，而不是解释行为。我认为这就是理论方法和非理论方法之间的区别。理论方法需要解释。我们真的能知道人们为什么做他们所做的事情吗？

Erica：她说，虽然药物让她脑子雾蒙蒙的，但确实可以耐受疼痛了。我想我可以问她药物让她在量尺上到了几分。

Joel：你想强调药物吗？这会让她失去控制吗？她可以做瑜伽和冥想，她说这很有帮助。这些活动在她的控制之下。

Erica：是的，她经常提到她不想永远使用药物。

Joel：这可能是一个有用的量尺。你可以问她，“10代表全部都是她的努力，0代表都是药物的作用”。即使她回答0，你也可以问她怎么就能知道自己处于1分的状态——可能只是她多做了一点，服药少了一点。

片段5：子语段1

是的，我去了。是啊，就像，这就像，我的一切，就像，我在整个事故后的恢复。我觉得是毫无意义的，或者说感觉无意义，或许也不是毫无意义。但因为我做得也确实还不错。就像，你知道，我在爬梯子，我做得很好。但我觉得那个梯子就像是在一个坑里。我觉得我又回到了深渊。

表7.10　我觉得我又回到了深渊

机会点	可以提的问题 （首选=*）Joel	可以提的问题 （首选=*）Erica
1. 是的，我去了。是啊，就像，这就像，我的一切，就像，我在整个事故后的恢复。我觉得是毫无意义的，或者说感觉无意义，或许也不是毫无意义。	1a：有些时候觉得或许也不是毫无意义？ 1b：是什么会让你觉得或许也不是毫无意义？	1a：如果不是毫无意义，那你认为你的恢复是怎样的？ 1b：是什么让你觉得你的恢复不是毫无意义的？
2. 但因为我做得也确实还不错。就像，你知道，我在爬梯子，我做得很好。	2a：你做得很好的时候发生了什么？ 2b：你是怎么做得很好的？ 2c：爬梯子？ 2d：那梯子会带你去哪里？ *2e：你现在爬到了那个梯子的什么位置？	2a：是什么让你知道你可以继续爬梯子？ *2b：在梯子上能让你再往上爬一级的小小迹象是什么？ 2c：如果你最亲密的朋友指导你在梯子上再往上爬一小步，她可能会对你说什么？ 2d：当你在梯子上再爬一小步时，别人会注意到你什么？
3. 但我觉得那个梯子就像是在一个坑里。我觉得我又回到了深渊。	3a：你爬出那个深渊的迹象是什么？ 3b：什么能帮助你爬出深渊？ 3c：你如何把自己从深渊里救出来？	3a：你爬出深渊的第一个迹象是什么？ 3b：你是如何在深渊里生存下来的？

Erica： 我选择了2b。这是一个值得注意的问题，可以了解她朝着正确方向前进的迹象的小细节。

Joel： 我的选择是2e。这本质上是一个量尺问句，但它使用了她的隐喻和语言。我认为你的2d是一个复杂的问题。我确实喜欢那个。

Erica： 她和家人朋友都很亲近。我认为在谈话中加入他们的声音会有所帮助。

Joel： 好的，你认为这个问题有什么作用？

Erica： 它侧重于行为。

Joel： 确实如此。

Erica： 这有助于她想象，因为她已经在做出改变了。

Joel： 这就像问她如何知道自己在量尺上进步了1分一样。它还增加了行为部分，因为她必须从别人的视角来描述它。

片段6：子语段1

尽管过去几天我一直在观察，每次我冥想时，我都有点不想冥想了。我，我觉察到，我一直在给自己念咒语。每次冥想结束时，我都会对自己背诵三遍我想成为的样子。

表7.11　我都会对自己背诵三遍我想成为的样子

机会点	可以提的问题 （首选=*）Joel	可以提的问题 （首选=*）Erica
1. 尽管过去几天我一直在观察，每次我冥想时，我都有点不想冥想了。	1a：当你冥想的时候，什么告诉你已经做得够多了？ *1b：冥想后你有什么不同？ 1c：带着身体的不适，你如何专注于冥想？	1a：在那些你不愿冥想的日子里，你是如何能继续冥想的？
2. 我，我觉察到，我一直在给自己念咒语。	2a：你如何选择自己的咒语？ 2b：哪种咒语最适合你，怎么做到的？	*2a：你对自己念的咒语是什么？ 2b：还有什么咒语会帮到你？ 2c：你最亲密的朋友会给你的咒语里再添些什么？

续表

机会点	可以提的问题（首选=*）Joel	可以提的问题（首选=*）Erica
3. 每次冥想结束时，我都会对自己背诵三遍我想成为的样子。	3a：你背诵的三件事是什么？ 3b：在你想做到的三件事中，你最接近哪一件？	3a：你想成为什么样的人？ 3b：是什么让你知道你可以回到冥想？

Erica：我选择2a，因为我认为这可能有助于她继续谈论她给自己念的咒语。当我现在看到它时，我认为2a并没有真正关注方向或变化。我只是想知道更多的信息。她正在谈论一些对她有效的事情。我很好奇这些自我咒语是什么。

Joel：我选择了1b。我的理由是：它指向改变后的样子，并探索了实际的可能性。

Erica：我认为它侧重于改变。

Joel：冥想对她有什么帮助？所以，你说你只是想知道更多。

Erica：对，一个共同点是，我只是想知道更多。对我来说，更多地关注能导致改变发生的问题可能会更有帮助。

Joel：这就是把对话看作数据收集与把对话看作共同构建现实的方式之间的区别。我认为没有所谓的评估过程。与来访者的任何沟通，无论你是否称之为评估，实际上都是一种干预。Insoo［（Kim Berg）私下交流］说，提问确实能获得信息，但同时也能提供信息。它告诉来访者你感兴趣的是什么，这个术语叫作“词汇选择”。我们问的问题让来访者知道我们对治疗的看法。例如，Harry（Korman）来我工作的诊所。当时，我正在和一位来访者会谈，而我的团队在单面镜后面。Harry走了进来，在镜子后面看了一会儿，然后说：“是的，这就是焦点解决式的治疗方式。”他从我问的问题里就知道了这一点。

Erica：我有时会告诉来访者不要看我写的报告。当他们看了报告，他们告诉我，尽管他们认为自己正在恢复，但感觉却更糟了。这是因为报告关注的是缺陷。

Joel：　我想你需要知道做治疗和谈生意的区别。

Erica：　我理解你说的是我们提出的问题需要聚焦在改变上。更多地思考焦点解决式提问背后的假设对我是有帮助的。

Joel：　那么这两次会谈对你有帮助吗?

Erica：　是的，非常多。微观分析的整个过程都非常有帮助。我知道了来访者所说的一切都是有用的。

Joel：　当我回顾你所有的建设性干预时，我认为每一项都在建构解决之道。和你一起工作我很开心。

Erica：　这是一次难以置信的经历。

Joel：　我很想知道我们共同做的事情是如何改变你与这个来访者的合作方式。即使只是想办法打断她。

Erica：　是的，这是一个很大的变化。每当我打断她，我都会听到你的声音在我脑海里说："这不是鸡尾酒会。"

结论：会后

在最后一次督导会议结束几周后，Joel联系了Erica，并询问她对这次督导的看法。她给出了以下反馈。

从我们的会议中有很多收获：对我们工作的反思

- 我觉得我需要一遍又一遍地重读我的笔记和我们的谈话，我认为这表明了持续督导和培训的重要性。
- 我并没有想到要把语段分解成非常小的机会点。例如，我会把这个语段分成两部分，而不是三部分："但我现在关注我的身体了。更关注了。"和"它总是发生吗？没有。我还在努力保持觉察吗？"而不是只是"我还在努力保持觉察吗？"所以，有些机会点真的会让我更努力地思考。

- 我将不再只收集数据，而是“将对话视为共同构建现实的一种方式”。这对我来说意义重大。我正在更多地了解“做生意”和“治疗”的区别。我过去常常专注于收集数据以备撰写报告，并找出正在发生的事情（问题解决取向）。
- 我在考虑强调什么和不强调什么（例如，不再强调药物，而是强调她可控制的范围内的活动）。
- 解决方案的重点很有趣，有很多东西值得学习。你在工作坊和我们的督导中引用了很多参考文献，这让我想学习更多，因为这些不是我在OT中能学到的，例如，“‘内在过程’需要外在标准”（Wittgenstein，1958，p.153）。你谈到了词汇选择。
- 我更仔细地思考了改变的方向（而不是当来访者已经在谈论改变时，我却在想怎么解决问题）。
- 我正在学习更多关于关注假设问句而不是封闭式问题（是或否）的知识，并学习如何提出能够描述变化而不是让来访者罗列清单的问题。
- 你还谈到使用更多的“何时”和“如何”问题来推动谈话朝着改变的方向发展，而不是在远离主要问题时仅仅问“什么”。
- 我正在学习如何在问题中加入更多间接的赞美。
- 我打断来访者说话的次数更多，这有助于我抓住他们说过的重点，而不是在他们突然岔开话题时不知所措。
- 我真的喜欢你的观点，即我们如何要求来访者描述他们会怎样以不同方式去做、去想、去感受。这让我寻找的东西更加明确。我想我跟来访者交流时，会用“注意到”这个词，直接问“你注意到你说了什么、做了什么、想什么或感觉到什么”，这会有助于澄清我的意思。
- 我喜欢你的那个观点，就是通过别人的眼睛来看他们自己，因为这有助于他们描述行为。有时候，我的来访者会陷入一种“更快乐”的感觉。
- 我喜欢我们关于“对SF的定义（例如，包括教育）不要过于僵化”的讨论，因为它让我在纳入OT时更加灵活，OT更侧重于问题和干预。

- 我喜欢你使用量尺问句的不同方式，我已经开始更多地使用它们，并努力去听那些可以用于量尺问句的词语。例如，你谈到“回到过去的我”，这在我的工作中很常见——回到他们过去的一些角色和职业，即使它可能是以不同的方式完成的（例如，对活动或环境的修改、频率的变化等）。
- 微观分析帮助我理解，在每一个语段中都有许多机会点。这让我可以更仔细地倾听，而不是让他们继续说话或岔开话题。我努力去领会他们所说的话的精髓。这让我想到谈话可能走向的不同方向。

Lance的评论

在审阅本章时，我特意标注要称赞Joel在与Erica的谈话中提出了两个精妙的区别，“这就是把对话看作数据收集与把对话看作共同构建现实的方式之间的区别”，以及“我想你需要知道做治疗和谈生意的区别”。

当我读到Erica反馈她的督导经历时，我很好奇地注意到她特别提到这两条评论对她很有用。在这种同步性的启发下，我重新阅读了反馈，并惊讶地发现Erica在与Joel的督导对话中保留了多少关键词。她引用了Joel的话，比如，“在改变的方向上，内在的过程需要外在的标准、词汇选择、假设问题、间接赞美、打断、以不同的方式思考和感受”。

Erica还保留了来访者的一些话，比如“但我现在关注我的身体了。更关注了。它总是发生吗？我还在努力保持觉察吗？”关键词就是关键词。无论这些话是直接来自来访者还是Joel在督导中说的，它们对Erica来说都有特别的意义。她将这些回应保存在她的反馈中。

对于热衷于机会点分析的从业者来说，值得注意的是，在评论来访者的情况时，Erica引用了来访者的话，这是描述来访者情况的一个很好的方式。这表明Erica已经进入对机会点和关键词进行表层分析的思维模式。这与作者研发的教学领域中的一种有趣的演变相呼应。

我们大胆猜测，几乎所有想要举办SFBT研讨会或课程的人都会收到这样的问题："当来访者……（用任何生活挑战、诊断、创伤、困难的童年填空）时，你会怎么做？"作者有时会说："你愿意等一下再去描述来访者，而只引用你听到来访者说的话吗？"这为讲者提供了回应来访者语段的机会，并经常受到学员的热烈欢迎，再次回到互动的层面。

现场访谈督导

治疗对话的微观分析是一种媒介，而机会点框架是其中的精华部分。事实证明，机会点框架本身就是有用的，甚至不需要对连续的语段进行系统正规的逐步分析。这可以看作一种较为中观的分析方式。以临床督导为例。

观察和协助现场来访者会谈是最有效的学习方法之一。单面镜背后的督导或团队的主要任务之一是关注来访者语段中的机会点。因为无须对瞬息万变的谈话随时做出回应，观察者通常能够注意到更多的机会点。

偶尔给访谈者打电话，提醒他们注意一些可能更有效的倾听、提问或肯定环节，这很有用。访谈者发现机会点的能力可能受到许多因素的限制。开展访谈时，除了要抓住核心干预机会外，还需要关注对话的许多动态。专业程度相当的同事提供的访谈协助，可以作为第二双眼睛和耳朵，会使工作更高效。当访谈者在从业之初得到经验更丰富的人的支持时，好处可能更多。

有时临床督导包括会后谈话。可以在机会点框架内建构有用的问题来引导讨论。

以访谈者为中心的会后督导问题：

- 访谈者发现了哪些重要的机会点？
- 他们认为他们的哪些回应是好的？
- 他们还想到了哪些其他的方法？

- 他们是如何决定选择哪个回应的？
- 他们认为自己的选择结果如何？
- 如果是事后诸葛，他们可能喜欢尝试哪些替代方案？

对访谈中做得好的部分，例如对具体的机会点的倾听、提问和肯定，要给予充分的赞美。

被督导者有时会厌倦过多的肯定，要求督导者也提供建设性的批评或建议，以帮助他们改进。从机会点角度做访谈督导时，可以提出以下建议：

- 他们观察到的其他机会。
- 其他可能的治疗方案。

基于视频的团体督导

对于使用一个或者多个受督者提供的视频来进行的团体督导来说，机会点框架是一种很有效的方法。Lance有机会在不同的情况下与各种背景的团体会面：

- 大约五到十名治疗师组成的小组，大多数是焦点解决短程治疗的中、高级治疗师。
- 包括学生在内的团体，这是他们第一次接触SFBT。
- 包括各种后现代治疗师在内的团体，如叙事、“启发式”和焦点解决取向的实务工作者，对他们来说，社会建构主义是一个舒适的哲学领域。

在条件允许的情况下，通常建议采取以受督者为中心的方式，从询问参与者对本次练习的期待开始。最近，一个小组被组织起来，专注于这个问题：如何在访谈中保持焦点解决的态度。会议开始时，个别与会者的简短发言基本上反映了这一期待。

确定一个语境也是非常有用的，在这个语境中，可以为当前的督导设置特定的机会点。Lance发现，第2章中提出的融合性叙事模式同样可以用于团体督导中。可以简单地将团队的重点放在来访者的希望、行动和变化上。当然也可以采用其他更具体的主题。像给予肯定、某些类型的问句的使用、沉默的使用、打断和问题构建等等，这些都是广泛的可能性中的几个例子。当团体内的治疗师属于不同流派时，先为本次研讨设立一个共同的语境尤为重要。

重申机会点研究的理念也很重要，即只是把不同的研讨结果当作“可选项”，而不是急于去决定所谓“正确”或“最佳”的选择。这种态度支持一种好奇和合作的氛围，比竞争更有利于学习。

利用机会点框架进行团体视频督导的流程如下：

- 在上述介绍之后，根据对话内容，播放视频第三分钟到第五分钟的片段。主要目的是让大家了解来访者的一些想法。
- 暂停录像，邀请团体成员汇报一下观察到的机会点。
- 确认观察结果。
- 鼓励所有参与者分享观察到的例子，并为那些没有注意到特定事件的人创造空间，让他们回想并与伙伴们的例子产生共鸣。
- 播放下一个片段。

这是以机会点为导向去回顾治疗对话的最基本形式。一个可预见的结果是，参与者既能成功地做出丰富的观察，又能欣赏他人的观察结果。在最近的一次活动中，一位参与者评论道：“我惊讶地发现，在会议开始没几分钟的时间里，我就可以找到如此多的有用信息。”

机会点分析的运用千变万化，超出我们的想象。例如：

- 除了报告观察结果外，还可以邀请参与者确定一下他们会如何回应，再次鼓励大家好奇地吸收彼此的想法。
- 当治疗师属于不同的流派时，邀请一个或多个治疗师通过他们独特的视角观察该片段。对比这些不同的观察结果可以揭示出有趣的选择点，在这些选择点上，对话可能会被这些潜在的分支带向完全不同的方向。

- 有些参与者对自己的职业能力有合理的自信，对于这些人来说，他们想知道自己还可以采用哪些不同的做法、选择点和机会点等。从这些方面给他们一些建议会很有用。

机会点思维也可以成为一种有用的规划工具。比如，一个团队预订了一整天的督导，而个案全部都是第二次或后续咨询的来访者，这就可以预先确定督导当天的重点就是如何使用“有什么变得更好了？”这个问句。

第8章

应用：将机会点作为培训工具

介绍

焦点解决运用问句技术与来访者共同建构其对于更想要的未来的愿景。作为经验丰富的培训师，两位作者都把建构解决之道的技术作为培训的主要部分：启动问句、未来导向问句、奇迹问句、例外问句、应对问句、量尺问句和“思考”间歇技术。

由于该流派倾向于以问题为引导，那些不熟悉该流派的人往往过分专注于问出所谓“正确的问题”，以至于他们忘记倾听和回应来访者。事实上，最有用的提问恰恰都来源于来访者的回应。教会受训者如何倾听和观察，抓住来访者在语段中提供的建构解决之道的机会点，这才是研发机会点分析的根本目的（Taylor & Simon，2014）。

以下这个例子，是要说明如何将机会点分析用作培训工具，教会受训者如何仔细倾听才能找到建构解决之道的可能性。这是一天半的焦点解决短程治疗培训中的一部分。该培训于2021年11月12日进行，大约在一个小时内完成。共有10个学员，由Joel主持培训。

过程

在正式练习之前，先对微观分析和机会点微观分析进行解释（见第4章）。然后，培训小组观看了一段视频，其中包括以下语段示例：

我需要把这一切都发泄出来。我就不断这样做，一直这样做。我开始猛烈抨击那些我不应该抨击的人。我感到——我不是生气——我很快就感到沮丧，在这方面我做得不好。我感到很沮丧。我无法让自己平静下来。我只是……我只是变得很鲁莽。

选择这句话是因为它结合了明显的问题陈述（例如，“我就不断这样做，一直这样做”或“我开始猛烈抨击……”），以及潜在的建构解决之道的机会点

（例如，“我感到——我不是生气”或“在这方面我做得不好……”）。

在培训之前，要求小组下载并打印出以下语段和临床记录表。

语段：

- 我需要把这一切都发泄出来。我就不断这样做，一直这样做。
- 我开始猛烈抨击那些我不应该抨击的人。我感到——我不是生气。
- 我很快就感到沮丧，在这方面我做得不好。
- 我感到很沮丧。我无法让自己平静下来。我只是……我只是变得很鲁莽。

表8.1 机会点临床记录

机会点	可能的干预性提问	原因
1. 我需要把这一切都发泄出来。	1a：这有什么不同？ 1b：你怎么知道已经发泄得足够了？ 1c：什么时候你不需要发泄？ 1d：你想要些什么不一样的？	
2. 我就不断这样做，一直这样做。		
3. 我开始猛烈抨击那些我不应该抨击的人。		
4. 我感到——我不是生气。		
5. 我很快就感到沮丧。		
6. 在这方面我做得不好。我感到很沮丧。		
7. 我无法让自己平静下来。		
8. 我只是……我只是变得很鲁莽。		

Joel把这个语段分成8个不同的机会点。Joel把第1个机会点作为例子来分析。然后，培训组被分为5个不同的更小的组。分配给每个小组一个或多个机

会点，要求在10分钟内完成分析。分析的要求是参照机会点1的例子，给每个机会点至少设计3个不同的问句。在思考可以做出哪些干预性提问（possible intervention）时，小组成员只能选择那些极有可能引发来访者给出建构解决之道式回答的问句 。

讨论1

经过复盘，作者指出，这项练习的设计，从教学到实践包含了几个层次的学习。全体成员就每个小组的工作成果展开讨论，让大家能充分探讨研究各自在感知、倾听和想法等方面的差异。

此外，用一段对话把大家聚到一起，应用该工具参与到这段对话中，这给了大家一个反思的机会。同时，这个活动也教大家学会辨别，问题导向提问和解决取向提问的区别。本次机会点练习的目标是教会焦点解决取向的学员使用微观分析作为学习和教学工具，更好地倾听和回应来访者。

在本章的介绍中，作者写道："焦点解决运用问句技术与来访者共同建构其对于更想要的未来的愿景。"这当然是正确的，同时，我们使用问句和其他工具，也是想要引出和扩大例外的情况，并为改变创造动力。

对于语段中的每个机会点，创造性地思考多种有可能的干预方法，强调了焦点解决取向的实务工作者如何将共同建构问题的例外作为临床干预的工具；反过来，这有助于来访者参与到关于未来可能性的对话中。

使用机会点分析的另一个优点是，它是一个简单的概念，很容易执行，特别是对于那些刚接触焦点解决模式的人来说。我们从参与这项工作的团体那里得到的反馈表明，他们从分析来访者语段中受益匪浅。他们很快学会了如何将可能解决问题的陈述与可能产生问题的陈述区分开来。

当学员们把各自的成果组合在一起，整个记录表就完整了。Joel首先让第1组完成机会点2。该小组的分析汇报如下：

表8.2 分析机会点2小组

2. 我就不断这样做，一直这样做。	2a："一直这样做"是如何帮助你的？ 2b："一直这样做"是否为你带来了想要的结果？ 2c：当你处于那个状态时，有什么能帮你减缓"一直这样做"的过程吗？ 2d：还有哪些其他方法可能有助于实现你的目标？ 2e：当你处于那种状态时，你能做些什么来减缓"一直这样做"的过程？

该小组的成员之一Robert问，除了使用"不同"一词外，是否有其他选择。他说："我尽量避免使用'不同'这个词。"Joel很好奇他为什么不想用"不同"。他回答："我不想暗示来访者目前的行动方案不起作用。我不想指出目前的思维方式存在问题。"Joel回应说，事实上，来访者目前的行动方案并没有让他达到想要的目标。Kimberly指出："这就是他出现在那里的原因。"那么问题来了，"不同"是否意味着消极。Joel回答说，在某种意义上这是积极的，因为它指出来访者正在做的事情是行不通的："我猜，从积极的意义上来说，这是消极的。"

讨论2

Robert反对使用"不同"这个词，认为在某种程度上差异是负面的——这意味着这是对来访者的批评。理解和接受差异是聚焦于解决方案的对话的核心这一观点非常重要。从来访者想要的不同之处开始谈话，是帮助来访者设想一个更令人满意的未来的第一个邀请。de Shazer（1991，p.96）的话反映了该模式的核心主题：

> 简而言之，治疗师希望来访者描述他们在治疗情境之外的生活，在治疗结束时，他们的生活与治疗开始时相比，在某种程度上有显著的不同。

作为回应，Kimberly说了一句显而易见的话："这就是他出现在那里的原因。"她用简单而有力的陈述，指出了人们对治疗的普遍性理解：

人们来看治疗师，因为他们希望自己的生活变得更好。我们可能没有就实现这一目标的模式达成一致意见，但底线是来访者希望实现差异。Kimberly和Robert的对话展示了培训设计中一种优雅的协作互动，即参与者互相倾听和彼此学习。

接下来的一组学生汇报了对第3个机会点的分析：

表8.3　分析机会点3小组

3. 我开始猛烈抨击那些我不应该抨击的人。	3a：你什么时候第一次意识到自己在抨击别人？ 3b：为什么你不应该猛烈抨击这些人？ 3c：你更喜欢哪种互动方式？ 3d：当你没有猛烈抨击时，情况是什么样子？ 3e：发生些什么就能以不同的方式进行沟通？ 3f：当你感到沮丧时，你什么时候没有猛烈抨击别人？

针对3d“当你没有猛烈抨击时，情况是什么样子？”有不同的看法。大家的普遍共识是，这种干预性提问应是一个后续问题。Joel建议，你只能针对机会点本身（猛烈抨击了别人）提出问题：“因为只有当来访者回应的时候主动说出了‘没有抨击’之类的话，才能有相应的后续问题。”

3f的原始版本是“当你感到沮丧时，你曾经有过不猛烈抨击别人的时候吗？”Joel建议将其改为假设问句，“你什么时候没有……？”

以下是下一组的记录表：

表8.4　分析机会点4小组

4. 我感到——我不是生气。	4a：你会说这是什么感觉？ 4b：这种感觉的不同之处是什么？ 4c：你怎么知道这不是生气？ 4d：你会说你被触怒了吗？

该小组最初写了4a和4b。询问全体成员是否有其他建议时，大家把4c和4d添加进来。

分析第5个机会点的小组报告了以下的干预措施：

表8.5　分析机会点5小组

5. 我很快就感到沮丧。	5a：你怎么知道什么时候会感到沮丧？ 5b：什么时候你不会那么快就感到沮丧？ 5c：你是说你的容忍度很低吗？ 5d：你如何放慢速度，以免感到沮丧？ 5e：哪些事情会让你很快感到沮丧？

该小组给出了5a和5b。大家又添加了5c到5e。

另一个建议是“你如何让自己冷静下来？”Joel指出，来访者说的不是冷静。相反，他使用了“沮丧”这个词。

分析之后几个机会点的记录表是：

表8.6　分析机会点6小组

6. 在这方面我做得不好。我感到很沮丧。	6a：在这方面做得好是什么样子？ 6b：同5b。

表8.7　分析机会点7小组

7. 我无法让自己平静下来。	7a：现在你需要什么来让自己平静下来？ 7b：什么东西能让你感到平静？ 7c：过去是什么让你平静下来的？ 7d：什么时候你感觉更平静，你现在能感觉到吗？ 7e：什么时候你能让自己平静下来？ 7f：你为什么不能呢？

表8.8　分析机会点8小组

8. 我只是……我只是变得很鲁莽。	8a：当你不鲁莽时，看起来是什么样子？ 8b：什么时候你觉得没有必要鲁莽？

Joel接下来要求大家回顾所有机会点（2 ~ 8）后的问句，并选出更有可能得到来访者问题导向式回答的那些。大家普遍认为应该删除3a，因为它很可能会得到问题导向的回答。

表8.9　机会点3小组中的删除

3. 我开始猛烈抨击那些我不应该抨击的人。	~~3a：你什么时候第一次意识到自己在抨击别人？~~ 3b：为什么你不应该猛烈抨击这些人？ 3c：你更喜欢哪种互动方式？ 3d：当你没有猛烈抨击时，情况是什么样子？ 3e：发生些什么就能以不同的方式进行沟通？ 3f：当你感到沮丧时，你什么时候没有猛烈抨击别人？

有一个问题是3b是否会得到问题导向式回答。小组成员被问到来访者可能会如何回答这个问题。大家普遍认为，这个问题很可能得到类似于“这是家人，我爱他们”或“我的家人不应被这样对待”的积极回应。大家普遍认为，3b应该被保留。

表8.10　机会点4小组的删除

4. 我感到——我不是生气。	4a：你会说这是什么感觉？ ~~4b：这种感觉的不同之处是什么？~~ 4c：你怎么知道这不是生气？ ~~4d：你会说你被触怒了吗？~~

以下是关于4b和4d的对话：

Kimberly：　我质疑4d。他没有用“触怒”这个词。我可以看到，这个说法是消极的。他可能会说：“我不是这么说的。”

Joel：　他可能会怎么回答这个问题？

Kimberly：　我可能会说“不，我很沮丧”“我感到不知所措”或类似的话。

Joel：　所以，大家似乎普遍认为，这很可能会得到问题导向式回答。（Joel在4d上画了横线。）

Diana：　我有一个关于4b的问题。这个表述很奇怪——我听不懂。我想知道4b是不是4a的后续，而不是真正回应于机会点4。

Joel：　你会如何改变它，让它成为机会点4的回应？

Kimberly：　“你会说这是一种什么样的不同的情绪？”

Diana：　我还是不确定4b是否相关。

June：　也许我可以澄清一下，因为我也是那个小组的成员。我可能会把它去掉。作为焦点解决模式，也许问“这有什么不同？”会更好。我觉得我们刚才试图把一个方形的钉子塞进一个圆形的孔里。

讨论3

Kimberly观察到，在被建议实施的干预中，该小组使用了“触怒”一词。这表明Kimberly做出了两个重要观察：①来访者没有使用“触怒”一词；②通过暗示干预，它很可能会导致问题导向式回答。前一种观察印证了焦点解决取向的实务工作者的常见做法：倾向于使用来访者的语言。在对焦点解决治疗对话的微观分析中，Bavelas等人（2000）指出，焦点解决取向的治疗师保留了很大一部分来访者的语言。

Kimberly的第二个观察是，使用“触怒”一词更有可能引发问题导向式回答，这表明至少她，和（希望还有）其他人，正在理解建构方案的语言和探究问题的语言之间的差异。

进行这项练习的另一个好处是能够回顾来访者实际所说的话。人们往往容易将自己认为来访者所说的及其实际所说的内容混为一谈。回到逐字记录的对话中加以核实是一个好方法。这里一个重要的训练是区分观察和推理。相对于严格把握可观察到的内容，我们更容易推断来访者的意思。

Joel：　看来，大家的普遍共识是，我们应取消这一项（大家普遍表示同意）。

Robert： 我对4c有一个问题。他说这不是生气。我们为什么要问这个问题？

Joel： 我想可以改写为“如果不是生气，那会是什么呢？”

Helen： 我觉得这是个挑衅性的问题。

Robert： 它非常有攻击性。

Joel： 我觉得挑战他的想法没什么不对。

Helen： 问这个问题的方式很挑衅；它改变了情绪和环境。

Kimberly： 你认为它如何改变情绪和环境？

Helen： 我觉得人们对“生气”这个词的反应，在我看来，这似乎是一种指责。

Kimberly： 他用了“生气”这个词。而这个问题只是询问他怎么知道这与生气不同。

June： 我们的意图是，进行一些探索，说“它不是生气”可能会开辟其他途径去探索。

Helen： 你可以问“你怎么知道这和生气不一样？”

Diana： 或者干脆就把它当作“你怎么知道？”

Joel： 你觉得3a怎么样？你认为可能有什么反应？

Lydia： 关于这个问题我想了更多。

Samantha： 太开放了。

Joel： 对，你很可能会听到这样的话，“我开始生气，开始粗重地呼吸，我握紧了拳头！”

讨论4

在这部分中，Robert反对使用“生气”这个词。Helen补充说这个词是“挑衅性的”。这是关于意义如何被共同建构的讨论。他们都认为这个词的使用具有负面含义。这是一个机会，可以教他们如何区分一个词对他们意味着什么，以及一个词对来访者意味着什么。它让学员思考来访者使用哪些词，而不是我们试图避免的词。作为焦点解决取向的实务工作者，我们致力于使用来访者的原词。

表8.11　机会点5小组的删除

5. 我很快就感到沮丧。	~~5a：你怎么知道什么时候会感到沮丧？~~ 5b：什么时候你不会那么快就感到沮丧？ ~~5c：你是说你的容忍度很低吗？~~ 5d：你如何放慢速度，以免感到沮丧？ 5e：哪些事情会让你很快感到沮丧？

对机会点 5进行了复盘，以预测回应模式。

Joel：　那5a呢？可能的回答是什么？

June：　这可能会最终导致生理上的沮丧。所以，我认为这是问题导向的。

Joel：　你们对第6到第8个机会点有问题吗？

June：　我想回到上一页——“容忍度很低”（5c）。这简直是在嘲弄他。

Joel：　“你是说我的容忍度很低吗？是的，我的容忍度很低！你打算怎么办？”（全场大笑。）

Diana：　是的，我们正在提建议，不是吗？我们正在往他嘴里塞话。

Joel：　我对你的低容忍度已经忍无可忍了。（众笑。）

Samantha：　第7个问题呢，“现在你需要什么来让自己平静下来？”他并没有说他现在是否平静下来。

June：　可以改成“当时”或类似的说法。

Joel：　我要说一些可能看起来很激进的话，“我真的不在乎他**现在**是什么感觉”。这对我来说无关紧要。

Diana：　也许最好还是问“平静”会是什么感觉，无论是过去还是将来。

June：　我想知道这个小组是否想用它来衡量“过去”与“现在”——“在0～10的范围内，你感觉如何？”

Joel：　这是一个很好的点。在任何机会点上，你都可以问出量尺问句。例如，“在0～10的量尺上，10分代表你能够冷静下来，你给自己打几分？”或“假设奇迹发生了，你能够冷静下来……”

Diana：　尤其是第4个，当我们对他的生气做出回应时遇到了麻烦。

June：　它确实省去了所有废话。

讨论5

Joel似乎对于感觉在心理治疗中的作用发表了挑衅性的言论。然而，他补充说，他对来访者“现在”的感受不感兴趣。构建解决方案而不是解决问题，区分这两者对于许多焦点解决新手来说太难了。问题解决是指想要寻找解决问题的方法。从问题解决的角度来看，这位来访者的“生气”是需要“解决”的问题。或许可以提供一些策略来帮助来访者更好地管理他的“生气”。

在治疗背景下，解决问题往往包括关注问题的细节，目的是找到一种可以用来缓解初始问题的措施。这可能需要对话和解释，以深入了解问题的病因。

治疗师还可以提供和采用许多套路来解决问题。此外，一些实务工作者可能会提供信息，旨在促进或提高来访者对其问题的认识，因为他们相信，谈论问题的更多细节会有助于解决问题。

在某些治疗方式中，希望治疗师帮助来访者呈现出**内在**发生的变化。SFBT采取不同的策略。我们与来访者共同建构一个想要的未来，并期望在他们离开后，由他们所做的事情而产生解决方案。

在SFBT框架内进行的解决之道建构，几乎完全依赖于直接的治疗对话。这种对话是在与来访者合作的前提下，建构出针对他们期待的未来的令人信服的感知和具体的描述。这是实践中根本性的范式转变，它赋予来访者智慧和能力。一旦来访者在治疗师的协助下专注于他们的希望和行动，就能制定出可行的解决方案。

“问题解决”和“建构解决之道”之间的区别为学员们提供了一个机会。这个机会可以用来甄别，你是在帮助来访者“解决问题”，还是在帮助共同建构来访者自己能实现的希望和可能性。这需要你相信来访者自己能够创造出关于美好未来的愿景，并且在离开后能采取行动改变自己的生活。

Joel：这是下一步。记住，你所能做的就是选择一个问题进行干预。在来访者回答之前，你不能跟进。你必须创造一些表达方式。回顾所有这些可以提的问题，你会选择哪一个？

Robert：我会选1a。它是开放式的，允许来访者去他想去的地方。

Diana：我不明白你的意思，Joel。我们是否应该为每一个机会点选择干预性的提问？

Joel：不，对话不是这样的：他说“我需要把这一切都发泄出来”，然后你说“这有什么不同？”然后2a，你回应，等等。这是一段话，所以你要从所有可能的干预性提问中选择一个来回应这段话。他说了一大段话，然后我选择其中一个机会点提问。

Robert：这些可能的干预性提问都不起作用，因为所有这些提问都只是针对那段话。

Joel：除了我们画掉的那些，任何一个都可能有用。它们都可能会得到一个建构解决之道的回应。你选择哪一个真的不重要。

Robert：在我看来，无论你选择什么样的干预性提问，都只针对特定的机会点，而不能涵盖所有其他机会点。

Joel：没错。你只在这段话的全部机会点中挑选一个提问。

Cynthia：你想回应他这段话中的最重要的事情是什么？

Robert：我会问来访者“你现在需要谈的最重要的事情是什么？”我认为来访者有权决定他想谈什么。

Joel：所以，你问我这个问题。我的回答是：“我想谈谈那些总是让我生气的事情。你知道是什么让我生气吗？我告诉你是什么让我生气！”作为治疗师，你的工作就是尽可能有效地引导谈话。来访者说了一些话，你必须做出回应。你能做的最好的事情就是选择一个回应，它很可能会让谈话朝着建构解决之道的方向发展。

Diana：没有哪个是最好的，但你的选择会决定谈话的走向。同一段话中可能存在多种可能性。

Joel：对，很实用。你听到了这么长的一段话。来访者停止了。现在你必须做出回应。

Robert：问题是，你怎么回应？你是说，只挑出一个听起来最重要的问题，然后做出回应，从多种可能的回应中选择一个。

Samantha：有很多问题都有类似的主题。它们是关于改变的，是关于想要有所作为的。我会问“你想做些什么改变？”“你告诉我过去发生的所有事情；这显然对你不起作用，而且你对此感觉不太好。那么你想让事情发生什么变化呢？”

Robert：在我看来，你并没有选择，而是在概括。你的问题是针对发泄这个议题的。

Samantha：这是针对整个语段的。这个问题把它包在一个漂亮整洁的包裹里。我们必须从整个语段中选择一件事。我们可以把这个问题放在每一个机会点中：“我需要发泄。”“你想做些什么改变？”“我一直这样做。”“你想做些什么改变？”

Diana：你也可以问“它是怎样帮到你的？”

Robert：我的问题是，如果你说“你提到了很多内容，你想先重点谈哪一部分呢？”会不会更合适一些？

Samantha：那可是捅了马蜂窝。他有可能只是进入问题式谈话——谈论什么让他生气。那你就失去他了。

Joel：是的，你可以说“你提到了一大堆事情：生气、沮丧等等。当它发生变化时，哪一个会对你产生最大的影响？”除了我们一起画掉的那些，任何干预都会使谈话朝着积极的方向发展——至少可能性很高。你所要做的就是做出一个建构解决之道的回应。然后你在此基础上进行建构。

Lydia：我会选5b。如果他回答了，既然他过去曾经做到过，那他就承认了他知道如何避免感到沮丧。

Joel：而且，这是一个假设问句。“你怎么做到的”意味着他做到了。

June：我不确定这是否是一种选择，但我对“在这方面做得好是什么样子？”作为一种干预性提问很感兴趣。

Joel：你为什么喜欢那个？

June：我自己也很难回答这个问题。这会引起很多讨论。我想这就是目标。现在我看到了，它是机会点6的问句。我认为这里的目标是听到一段话，准确地回应，然后一起工作。我应该考虑的是，来访者说了这些，这给了我们回应的机会。

Joel：我觉得这样做是有道理的。它描绘了一个理想的未来。还有其他选择吗？

Samantha：我觉得7d和其他几个很像。我喜欢。

Joel：你选择它的理由？

Samantha：你在那里做了几件不同的事情。这让他思考过去做的有用的事，这需要他对过去情况的感知。

讨论6

此时的讨论看上去很混乱。我们发现这种情况很常见：你是否为每个机会点选择一个首选的干预方法？Joel指出，谈话不是这样进行的。来访者说一段话，治疗师回应这段话，来访者回应治疗师的回应，等等。所以，问题是，你对回应这段话的偏好是什么；换句话说，我们倾听机会点，考虑对机会点的可能反应，选择一个组合的机会点干预方法，并以此对来访者的语段做出反应。

Robert提出了一个有趣的主张：询问来访者他想谈什么。他解释说："它是开放式的，允许来访者去他想去的地方。"这引发的问题是，作为焦点解决取向的治疗师，我们是否希望来访者去他们想去的地方。另一种选择是治疗师引导谈话。来访者选择他们想谈论的内容；治疗师决定如何谈论它。

Joel建议，只要干预性提问很有可能得到建构解决之道的回答，那么选择任何干预性提问都是有用的。正如Joel和Lance在这部分的讨论，Lance反驳说，有些干预性提问可能比其他的更好。也许，与"首选"干预性提问相对比，我们就是要共创所谓的"最佳"提问。

在对话的这一部分，Cynthia基本上做了Joel的工作，她问道："你想回应他这段话中的最重要的事情是什么？”她帮助澄清了一个概念，即干预的选择是对话语的选择，而不是对机会点的选择。作为培训师，我们需要记住，这是一个聪明人的空间。优秀的培训师会创造一个环境，让聪明的人变得更聪明。在这个例子中，Cynthia直接向Robert讲话——她不必通过Joel转达。

Robert很容易被视为挑衅者。Robert以自己的方式，正在做Joel的工作，就像Cynthia一样。他扮演魔鬼代言人的角色，让团队回应他。例如，他让Joel有机会指出如何将一系列问题转化为建构解决之道的对话。Joel说："你提到了一大堆事情：生气、沮丧等等。当它发生变化时，哪一个会对你产生最大的影响？”如果不是Robert，Joel可能没有机会提出这种可能性。

Robert绝不是什么怀疑论者，他为深入讨论和创造意义打开了更多可能性。

Joel：我想让你们看看你们都做了些什么。

表8.12　已完成的临床记录

机会点	可能的干预性提问	原因
1. 我需要把这一切都发泄出来。	1a：这有什么不同？ 1b：你怎么知道已经发泄得足够了？ 1c：什么时候你不需要发泄？ 1d：你想要些什么不一样的？	
2. 我就不断这样做，一直这样做。	2a：“一直这样做”是如何帮助你的？ 2b：“一直这样做”是否为你带来了想要的结果？ 2c：当你处于那个状态时，有什么能帮你减缓“一直这样做”的过程吗？ 2d：还有哪些其他方法可能有助于实现你的目标？ 2e：当你处于那种状态时，你能做些什么来减缓“一直这样做”的过程？	

续表

机会点	可能的干预性提问	原因
3. 我开始猛烈抨击那些我不应该抨击的人。	~~3a：你什么时候第一次意识到自己在抨击别人？~~ 3b：为什么你不应该猛烈抨击这些人？ 3c：你更喜欢哪种互动方式？ 3d：当你没有猛烈抨击时，情况是什么样子？ 3e：发生些什么就能以不同的方式进行沟通？ 3f：当你感到沮丧时，你什么时候没有猛烈抨击别人？	
4. 我感到——我不是生气。	4a：你会说这是什么感觉？ ~~4b：这种感觉的不同之处是什么？~~ 4c：你怎么知道这不是生气？ ~~4d：你会说你被触怒了吗？~~	
5. 我很快就感到沮丧。	~~5a：你怎么知道什么时候会感到沮丧？~~ 5b：什么时候你不会那么快就感到沮丧？ ~~5c：你是说你的容忍度很低吗？~~ 5d：你如何放慢速度，以免感到沮丧？ 5e：哪些事情会让你很快感到沮丧？	5b：推测。 5d：策略，假设问句。
6. 在这方面我做得不好。我感到很沮丧。	6a：在这方面做得好是什么样子？ 6b：同5b。	6a：反馈他所说的话。描述一个想要的未来。
7. 我无法让自己平静下来。	~~7a：现在你需要什么来让自己平静下来？~~ 7b：什么东西能让你感到平静？ 7c：过去是什么让你平静下来的？ 7d：什么时候你感觉更平静，你现在能感觉到吗？ 7e：什么时候你能让自己平静下来？ 7f：你为什么不能呢？	7d：过去起作用的东西，重新塑造了他对过去的看法。

Joel：这是一个语段。看看一段话中所有可能的干预性提问。这里的问题不是没有选择；问题在于，在这些有可能的选项中，决定选择哪一个。想想看：在一次对话中，会说多少语段？在这些语段中，有多少种可能的干预性提问？

Diana：难怪在一次咨询中你需要暂停一下。

Joel： 是的，有太多东西要处理了。目前已经变得清晰的是，倾听来访者说话是最重要的，而不是迷失在“我接下来要问出一个什么样的问题”里。相反，“我要如何回应来访者，推动谈话朝着积极的方向发展？”除了那些被我们画掉的问题，其他任何问题都可以问。你选择哪一个都没关系。这些干预措施中的任何一种都极有可能得到建构解决之道的回应。我对此印象深刻；作为一个团队，你们是焦点解决的新手；然而，你们还是提出了聚焦解决方案的一些可能性。

讨论7

作为培训师，我们经常发现那些不熟悉这个流派的人很难提出问题。我们看到焦点解决取向的新手治疗师在做来访者访谈时带来了可能的问题“备忘清单”。因为这种做法限制了治疗师倾听和回应来访者的能力，以及创造性地做出回应的能力，我们当然不鼓励这种做法。

将机会点练习作为培训的好处之一是，一旦完成，一系列可能的反应就会变得显而易见——这是对可能的干预性提问的丰富性的直观表现。正如Joel提醒大家，这只是治疗过程中出现的许多语段之一。机会点练习旨在帮助学员了解，焦点解决式的干预性提问如何共同构建可能性。这项练习也展示了来访者的语段如何为治疗师提供丰富的可能的干预性提问。

更多培训案例

几十年来，作者们已经开发出了他们各自用于介绍焦点解决短程治疗的框架。作为授课的一部分，我们两人都会仔细研究治疗师和来访者之间的实际对话。以下这个案例旨在引导学员仔细分析来访者的某个语段，去形成关注机会点的思维方式并找到治疗的切入点。

这个例子来自一个有十几名参与者（包括几名学员和家庭治疗中心的一些高级督导）参加的研讨会。在大多数情况下，这个小组的治疗师在咨询实践中并不是以焦点解决为主。然而，他们对这种模式以及其他合作练习的熟悉程度各不相同。这个为期半天的研讨会包含在每周的理论课程中，该课程面向研究生级别的学员。他们在中心度过秋季、冬季和春季学期，积极参与并接受密集督导的家庭治疗实践。

这个练习被安排在介绍第3章中描述的焦点解决实践的三个要素的环节，具体是在介绍焦点解决倾听要素之后被插入到研讨会计划中的。本次研讨会使用Zoom平台以虚拟方式进行。引入主题之后，播放“来访者”讲话的视频，并配上字幕，供参与者观看。视频播放完毕后，邀请参与者找到尽可能多的赞美“来访者”的机会点。

与本书一脉相承的是，这个工作坊案例以逐字稿的形式呈现。Lance介绍这个练习。“来访者”示例片段由研讨会参与者观看过的会谈视频剪辑汇编而成。“来访者”由演员扮演。PT代表参与者1 ~ 4。希望以下内容为读者提供一个生动的例子，说明如何在研讨会环境中将机会点框架用作教学练习。

Lance：所以，我们应该做点练习。我想邀请你们中的一些人用焦点解决的倾听方式来参与。播放完这段视频后，我会问：你会给这个人什么赞美？

来访者：是的，我刚去看医生，我得到了一些坏消息。我不知道该怎么处理。我刚发现我是艾滋病毒携带者。我不知道我要做什么。我不知道我应该做什么。我甚至不知道我为什么在这里。我不想告诉任何人。真的很可怕。我的工作，如果他们发现了，会发生什么？我不知道，我的家人和朋友。我会失去我的朋友。我不想在医院里浪费太多时间。我不想成为任何人的负担。

Lance：那么，你对他有什么赞美之词吗？（对工作坊学员说，下同。）

PT1-Teri：我赞扬他迈出了第一步，来和别人交谈，这样他就不会独自承担这一切。他说我不知道该怎么办，但（Lance：是的）他当时就在做呀。

Lance：是的，我看到你是这么想的，而且其他人也在点头。他们也注意到了。还有什么？

PT2–Larry： 和Teri一样，我也注意到了这一点，还有其他一些事情。我发现，你可以试着从他做的几乎任何事情中赞美他。所以，他甚至去看医生，这本身就很了不起。我知道他希望处理他感染艾滋病毒的事实。也许我用了“希望”这个词，但似乎有什么坏消息，我正在努力解决。尽管他不知道为什么他在那里，但他仍然在那里。看来他真的很关心他的家人和朋友。他不想给他们带来任何麻烦。所以，我想说他很关心别人。所以，我认为这是你可以称赞他的地方。

Lance： 所以，我想反馈一下Larry的评论。你点燃了我的激情，你可以从他（来访者）做的几乎任何事情中赞美他，是吗？这取决于你如何定位自己，对吧？他（来访者）说了些可怕的话，Larry说你可以对其中任何一句表达赞美。然后他列举了几个他会赞美的具体事情。但你们听到视频中的那个人提到希望了吗？他用了这个词吗？［几个学员摇了摇头（没有）］不，我也没有听到。那是Larry的原话，但确实很相关。他只是决定用希望的语言来倾听这个人的烦恼。有可能听到“我不想成为任何人的负担”，这是一种希望，在不麻烦别人的情况下渡过难关。Larry，你的赞美真是一语中的。它告诉我，你坚定地让自己成为一个焦点解决取向的倾听者。还有其他人吗？你对这个人还有其他赞美吗？

Joel： Lance指出了观察和推理之间的区别。来访者实际上并没有使用“希望”这个词；这是Larry的推断。我欣赏Lance能做出这种区分，同时赞美Larry。通过这样做，Lance创造了一个安全的思想分享环境。（事后评论）

PT3–Kelly： 我想到的第一件事是“我不知道我要做什么（强调）”。借用Teri的话，至少我们现在知道他在想他要做（强调）一些事情。

Lance： “我不知道我要做什么”告诉我们，他知道他要做些事情，是吗？这可以理解为“我想弄清楚该怎么办”。再来一句赞美的话？

PT4-Freda：他看起来真不错，保养得很好。对于一个正在经历艰难时刻的人来说，他穿戴整齐还洗了个澡。我还想指出，就像Larry说的，他真的很在乎他的人际关系。他听起来似乎与家人、同事和朋友的关系也很牢固。

Lance：谢谢你，Freda。那么，还有其他人想到这个吗？他看起来保养得很好。有两件事非常酷。一是，这是一个没有言语的机会点。这与他（来访者）使用的词语无关。这是Freda用眼睛和耳朵得到的机会点。她只是看着他。另一件事是我以前从未听过这样的评论，机会点之井像是无底洞，只要挖掘，总会找到更多。所以，问题不在于是否有机会干预人们说的话，而是我们如何定位自己，以确保我们能发现机会点，以及如何回应它们。除了来访者直接提供的机会点外，还有一个因素，那就是我们如何倾听一个人，以及我们如何能够从他们的言谈中发现可能的解决方案。

Lance：好的，谢谢你们。

讨论

因为研讨会本身时间很短，简洁起见，这个练习被限制在大约十分钟的时间里。在时间充裕的工作坊中，练习可以通过多种方式进行扩展。参与者可以不断地"再来一个"，这种案例分析几乎可以无限期地进行，从而提供有效的示范和第一手经验，深度了解来访者话语中的可能性和机会点。

不以焦点解决为主要工作方式的学员通常会觉得这个练习给了他们发现另一种干预的机会。例如，参与者可能会建议探讨来访者问题的触发因素或原因，而焦点解决取向的访谈者不太可能这样做。在教学环境中，这为焦点解决与其他取向进行对比提供了机会。跨心理治疗流派的对比——不同流派实践者对机会点的思考——对他们采取什么方式改变来访者大有裨益。

邀请小组在会后反思他们的练习经验是另一种提高学习价值的方法。从焦点解决的角度来看，来访者似乎可以提供无穷无尽的机会点，参与者经常对此惊讶万分。他们通常会注意到，他们能够很容易地将倾听的姿态从关注问题转变为关注解决方案。

敏锐的读者可能已经注意到，在另一个层面上，作者在与这次机会点练习的学员互动时，是如何运用机会点心态的。一位参与者说："你可以试着从他做的几乎任何事情中赞美他。"作者通过赞美肯定了参与者的观察，"你点燃了我的激情"。Lance保留了学员的话——"你可以从他（来访者）做的几乎任何事情中赞美他"，然后补充说"取决于你如何定位自己，对吧？"这是一种富有成效的教学模式，可以在教授方法的过程中同时现场演示这些方法。

这个练习采用了赞美，这是一种肯定的方法，将听众引向来访者提供的机会点。这类似于许多焦点解决培训师使用的众所周知的教学互动练习，它被称为"抱怨练习"（Lamarre，2005）和"吐槽，吐槽，吐槽"（Ghul，2005）。在这两个练习中，一名成员持续抱怨一段时间后，另一名做倾听的成员给予抱怨者赞美。

还有另一个在培训中使用机会点练习的例子。在这个练习中，一名学员（Marie）提出一个问题，即在"母亲（表现出）指责模式"的家庭环境中使用奇迹问句。以下是课后通过电子邮件进行的简短交流。

Lance：今天下课后，我想起你提出的这个问题（关于使用奇迹问句）。请具体说明一下，让我加深印象。

Marie：我的问题是，当人们在奇迹问句的回应中继续归咎于他人时（例如，一位母亲回应说"一切都会不同，因为我的孩子会听我的话，第一时间就照我说的做"），我该如何回应。

Lance：那么，如何使用"保留、忽略、添加保留"图式以及机会点等方法来探索你的问题呢？看看这位母亲的话，"一切都会不同，因为我的孩子会听我的话，第一时间就照我说的做"，哪些机会点中包含着积极的暗示呢？哪个机会点对你来说最突出？一旦你选出了那些语言，尝试保留这些词，并添加一些内容，以对母亲做出一些可能的回应。让我知道你有什么想法。如果对你来说有用，我们可以开心地交换对这段话的分析。

Marie：感谢您的回复，这让我思考了很多。一些可能的回复可能是："那么，你的孩子会听你的话，当他们听的时候，你会有什么不同的反应？""如果你的孩子第一时间听你的话，有什么会变得更好？""你的孩子听你的话的行为告诉你什么？""如果孩子们听你的话，其他家庭成员会做什么？"这些都是我最初的思考。我很想听听你的分析！

Lance：非常好，Marie。恭喜你激发出了自己的创造力。我附上了一份我自己的即兴分析。我注意到我们反应中的相似性和共鸣，这很有趣。

Marie：谢谢你和我分享这些。了解基于一句话有多少种不同的可能性是非常有价值的。我已经将你发送的文件与其他学员分享了；我希望你对此无异议！

表8.13　机会点分析交流

语段	机会点	提问	原因
一切都会不同，因为我的孩子会听我的话，第一时间就照我说的做。	1. 一切都会不同。	1a：首先，什么会发生变化？ 1b：哇！如果一切都变了，听起来这会是一个重要的区别。 1c：那么，那一天会有什么不同呢？	
	2. 因为……	2a：听起来，更听话可能会带来许多有价值的改变。 2b：在1～10的评分中，10分代表非常有价值，你认为更听话是几分？	
	3. 我的孩子会听我的话。	*3a：什么能让你知道他们更听话了？ 3b：哪个孩子更听话了？ 3c：当其中一个孩子更听话了，你会有什么不同的做法？	3a：这是我的第一选择，部分原因是，我感觉，这是这段话里最具体的积极机会点，它有可能引发对"听话"细节的讨论，从中可以浮现一些例外，或许还有机会提出3c。

续表

语段	机会点	提问	原因
	4. 第一时间就照我说的做。	4a：第一时间做有什么好处？ 4b：如果你家能更迅速地合作，那有什么好处呢？ 4c：你认为培养孩子强大的合作能力有什么长期的学习价值？	

结论

我们展示了在培训中应用机会点分析的例子。一个例子是在研讨会框架内进行了机会点分析实践。在其他例子中，练习侧重于机会点的检测。其中一项练习要求学员从机会点的视角来回答自己提出的问题。希望读者可以想象出在其他研讨会、演讲和课堂中如何应用机会点分析。

第9章

应用：将机会点作为教练工具

机会点分析起源于作者之间的合作，旨在将我们新获得的微观分析技能应用于焦点解决式会谈中的一些重要方面。我们最初的想法是，来访者使用的关键词在治疗师构建干预措施中发挥着重要作用，我们希望更详细的研究能增强对这一现象的理解和使用。在第4章中，我们描述了如何将寻找关键词的最初想法演变为一个命题，那就是每个来访者的语段或行动可能包含多个干预机会点。

在对机会点进行微观分析时，我们鼓励采用自由、包容的方法来识别机会点。这丰富了构建多种焦点解决干预可能性的实践，而不用考虑任何特定选项是否可能在实际的会谈中使用。

读者可能会记得，正式的微观分析中有一个类别是“首选回应”，它与“首选机会点”相关联——考虑到语段中的一系列选项，分析人员会挑选最有希望的机会点。这是来访者语段中的一部分，访谈者最有可能将其保留下来，并以此来构建下一个干预性回应。

“首选机会点”这一元素将我们带回到关键词和短语的概念中。在当前会谈的特定时刻，首选机会点可以被看作来访者叙述中的一个关键词，它提供了一个潜在的、通往建构解决之道的语言路径。随着我们对机会点多样性理解的加深，我们将更倾向于强调某个（a）关键词或短语，而不是某个特定的（the）关键词或短语。

本书的作者们曾在各种机构工作，包括社区心理健康诊所、儿童保护机构、教育机构、临终关怀机构、家庭治疗中心、普通私人诊所，以及住院和门诊心理健康机构等。我们在这些机构中担任过治疗师、督导、经理、导师、顾问和培训师等各种角色。

对机会点的研究不断为作者们从事治疗、教练和培训工作的过程提供指导。同事、学员和工作坊参与者的热烈回应鼓舞了我们。机会点和关键词/短语的核心概念被证明在治疗性会谈以外的其他环境中也能被轻松采纳和使用。至此，我们已经收录了来自来访者会谈中单个干预时刻的简短记录片段。在本章中，我们将呈现一次完整的教练会谈，以机会点分析作为练习和讨论的背景。

根据对会话治疗的掌握程度不同，学员不时会参与到旨在提高他们技能的情景中。在许多我们工作过的机构中都有正式的督导安排。督导人员在这些环境中不同程度地担任了教学、监控和评估被督导者表现的角色。

下面是与治疗师学员的一次对话示例，该对话主要侧重于督导的教学，更准确地说是一次教练会话。再次强调，这里呈现的媒介是转录格式，并伴有讨论部分。对话被粗略地分为会谈阶段的几个部分。

关于希望的情景会谈：片段1

Lance：你有没有想过我们今天谈话你希望达到什么样的目标?

学员： 是的，我确实想了一个我很纠结的案例，其中我正在努力做的是与成长点相关的事情。所以这就是我今天准备谈的事情。

Lance：我听到了两件事。一件可能与案例相关，另一件可能与成长点相关。鉴于我们可能有机会分别花一点时间讨论这两件事，那我们应该从哪里开始呢?

学员： 也许是从成长点开始。我觉得它可能贯穿于我与来访者的很多工作，所以我认为先从这个开始可能比较好。

Lance：那你现在给你的成长点起名字了吗?你怎么称呼它呢?

学员： 是的，必要时好像要对来访者更加坚定或更直接一些。所以如果，例如……就像是需要与父母设定界限，我有时会很难做到足够坚定，有时也很难做到及时打断，我真的在这方面很挣扎。所以，是的，这就是我在实习期间一直在努力的事情，对我来说这需要下很大的功夫。

Lance：好，让我们来分别探讨一下你从打断中的获益。从某种意义上说，你的希望或愿望是什么?作为一名治疗师，你希望从哪里开始尝试，并且通过打断达到什么样的目标?

学员： 我觉得，尤其是当我刚开始的时候，我确实有了一些进步。但我从来不会打断别人。有时候，他们会一直说下去，很多时候，就是PIP[1]（病理性人际模式；Tomm et al.，2014）开始变得根深蒂固的时候，或者因为他们可以一直谈论下去，就会感觉一直朝那个方向发展。然后，我注意到有时候其他家庭成员好像就开始有点疏远。所以，我觉得我的希望是能够在PIP变得太强之前，或者说在他们离题太远和我失去其他家庭成员之前，就打断它。但我还想能够以一种符合我风格的方式打断它。所以，仍然……用什么词呢？像我这样很谨慎的人，所以仍然有点谨慎，有点礼貌，但仍然能够在事情变得很难改变之前就让它停止。

Lance： 我听起来觉得这是一个很优雅的结合——礼貌地打断。

讨论

受访者在会谈中所做的一切，包括但不限于他们所说的内容，几乎都为干预提供了机会点。通过参加会谈，实习学员为访谈者提供了一个机会，可以将谈话置于对事件可能产生的结果的期望之中，这是SF实践的核心原则。在这个例子中，学员基于“一个案例”和“成长点”提出了两个感兴趣的线索。Lance承认了这两个可能性，并要求学员选择一个起点，从而让学员在合作过程中处于主导地位。将“成长点”作为一个比较笼统的话题给了Lance一个机会，使他有机会在这次谈话中将这位学员的成长点个性化，并以邀请学员给这个成长点一个他自己的、更具体的名称来开启这段会谈。在片段的最后，名称变成了“礼貌地打断”。

虽然督导和治疗之间有一个明确的界限，但在使用SFBT进行督导和使用SFBT与来访者会谈之间有相似之处。在这两种情况下，无论是来访者还是被督导者，谈话的起点都是询问他们个人希望从谈话中得到什么。

[1] 这个教练会谈是与一个家庭治疗学员进行的，他正在学习由Karl Tomm和他的同事（Tomm，2014）开发的服务交付模型IPScope。IP表示人际互动模式。PIP表示病理性人际模式，WIP表示健康人际模式，仅举几例。“Scope”指的是从业者采用的“观看”这些互动模式的关系视角。通过类比，我们可以说SFBT实务工作者采用的是SolutionScope。

问题

读者可能希望探索以下问题，以花些时间来探讨机会点。

- 回忆一下培训阶段中视频演示练习的例子，根据到目前为止的简短片段，学员的哪些做法可以得到读者的赞美?
- 在这个简短的开始片段中，读者是否观察到一些可能符合SFBT意义的经典例外?
- 在这个和以下片段中，Lance是怎样使用机会点的概念来建构对学员话语的回应的?

将不想要转变为想要：片段2

Lance：我听起来觉得这是一个很优雅的结合——礼貌地打断。当你在那个困境中，在PIP越来越明显的时候，如果你选择后退一步，那么PIP就会接管对话的主动权并开始表现或表演，或者即使只是以一种间接的方式进行描述，仍然会带有很强的情感，那么问题似乎一直掌控着这段对话。面对这样的局面，你现在的直觉是什么，如果不让PIP控制对话，你想看到什么发生?

学员：我想，与其这样，倒不如，嗯，我希望对话中能多一点平衡。所以，当然，能够谈论他们的担忧，但不要让它成为决定我们走向的那个东西。我发现，一旦我们陷得太深，就很难回到原来的地方，因为每个人都会感觉到PIP的压力。所以，我想保持它不会发展到那个程度，并对其进行足够的解构，但不会陷入其中并朝着PIP的方向发展。我认为，我不想让它成为控制对话的东西。

Lance：是的，你称之为起决定作用的东西。（学员：是的）没错。你希望那个起决定作用的是谁或是什么?

学员：我想，我希望我们大家都能决定。我认为某种程度上是家庭决定他们自己的希望和去向，所以在某种程度上，我认为那方面是他们决定的。

我觉得这也取决于我，也许应更多地展现出一种存在感，能够支持他们朝着那个方向前进。所以，我认为他们某种程度上决定了我们的去向，而我则尝试支持他们到达那里。我觉得这就是我对这件事的看法。

Lance： 所以，是的，这就说明了我们所有人做决定的意义。他们决定他们的去向，而我决定如何帮助他们到达那里。所以，这就很好地体现了合作的精神，即我们一起做这件事。同时，这也说明了各自的角色——你是作为治疗师的角色。

学员： 是的，的确如此。

讨论

学员表达了他的观察，即问题有时会“接管”对话，这表明他认为这种情况的发生对谈话并没有帮助。他提出了“起决定作用的东西”决定谈话方向的表达。这为Lance提供了一个机会，询问他希望决定性的东西是什么，并有可能共同构建更强大的希望，用表达他希望发生的事情的语言来替代表达他不希望发生的事情的语言。

这个片段还展示了一个转换到其他探究方向的例子。在对学员的希望进行命名时，可能会经历一系列的交流，通过这些交流，可以逐渐形成并揭示希望的名称。例如，在这个例子中，学员最终将他的希望命名为“礼貌地打断”。

希望的语言质量已经足够好，从“成长点”提升到了“礼貌地打断”，这是一个目前足够好的名称。成功地对来访者的希望进行命名并确认后，就为选择建构解决之道中的其他探究方向开辟了机会。

转向“行动”类别的问题，学员可以表达他对于“礼貌地打断”的期待，这将帮助他更有效地管理决定治疗对话方向的“起决定作用的东西”。这就开始回答核心问题，即这种改变会带来什么好处，或者这种差异会带来什么不同。在SF会谈中，我们寻求共同构建有意义的差异的机会点。

问题

- 读者能否阐明在本节会谈中，焦点解决取向的倾听、提问和肯定这三个要素是如何同步工作的?
- 在这个片段中，有哪些例子说明在构建后续回应时“忽略”了受访者的语言?

记录和放大例外：片段3

Lance：你刚才说“我确实有了一些进步”。

学员：嗯。

Lance：你是怎么注意到那些进步的，或者你现在是怎么认识到它的?你会怎么向我描述它呢?

学员：所以，我认为这是一种在会谈中更加关注自己感受的事情。以前，如果我注意到我们陷入了PIP，我有时会感到沮丧，有时会感到非常紧张。我就会想：“哦，我需要打断，我需要打断他们。”我的神经紧张感就不断地累积。所以我现在注意到，我会更频繁地在一开始感觉到那些情绪的迹象时就打断他们。我会想：“好吧，我开始担心事情会朝着错误的方向发展，所以我应该在它完全偏离轨道之前停止它。”而且，我还花了一些时间思考要说些什么来打断他们。我发现这肯定是一个很大的进步。有时候我会说“我可以打断你一下吗?我只是想确认一下我是否理解得正确”或者“是的，我们可以回到你刚才说的那件事上吗?”之类的话。所以，我认为这有点像是一种结合，既要注意自己的感受，也要注意是什么让我担心事情会变成严重的PIP，同时还要开始去找到能够打断他们的更合适的表达。

Lance：所以，这些逐渐增加的紧张感和沮丧曾是你执业中的某种敌人或障碍，而现已变成了你的朋友?

学员：是的。是的，这是一种很好的表达方式。是的，确实如此。

Lance：你是否会认为这么说是合理的：你可能已经发现自己开始对自己有更多的信任，当你注意到某些东西在困扰你时，你会认为这种困扰的背后可能有一个重要的理由。

学员：是的，这是一个很恰当的说法。是的，我认为我对自己有了更多一些的信任，而不是想“哦，把这些感觉先放在一边”。现在我会想：“好吧，这些感觉的出现是有原因的，这个原因是什么呢？”所以，是的，更多地信任自己确实已经成为我工作中很重要的一部分。

Lance：是的，如果我们认为那些紧张沮丧的感觉是某种限制的信号，并且开始质疑自己“我怎么了？”会带来很大的不同。相反，如果我们将其视为一个信号、一个线索，告诉我们该做些什么，那就太好了。

学员：是的，没错。没错，这确实是一件很酷的事情，一种很棒的经历。

Lance：而且我也很欣赏你注意到自己开始对事情的发展方向感到不安，并开始产生那种有用的紧张和沮丧的感觉。我还不太清楚具体要怎么说，但我知道我想做些什么，所以我可能会说：“我可以打断你一下吗？”你可能甚至还没有想好要在“我可以打断你吗？”之后做什么，但你至少做到了第一步，打断了他们，然后你为自己创造了一些空间，让自己可以弄清楚要做什么。

学员：嗯。

Lance：我很欣赏它的实用价值和这种打断方式的深度。

学员：确实，我自己也明确地感到越来越欣赏它。

讨论

回顾上一节的记录，我们从学员的陈述中可以看到：

我觉得，尤其是当我刚开始的时候，我确实有了一些进步。但我从来不会打断别人。有时候，他们会一直说下去，很多时候，就是PIP开始变得根深蒂固的时候，或者因为他们可以一直谈论下去，就会感觉一直朝那个方向发展。然后，我注意到有时候其他家庭成员好像就开始有点疏远。所以，我觉得我的希望是能够在PIP变得太强之前，或者说在他们离题太远和我失去其他家庭成员之前，就打断它。但我还想能够以一种符合我风格的方式打断它。所以，仍然……用什么词呢？像我这样很谨慎的人，所以仍然有点谨慎，有点礼貌，但仍然能够在事情变得很难改变之前就让它停止。

为了构建下一个问题，Lance选择了“我确实有了一些进步”，因为它保留了学员自己的用词“一些”，并邀请他再多说一些“进步”的细节，这进一步强化了例外。这种强化是通过一系列的行为来完成的，从简单地延长在这个话题停留的时间，使其在对话中处于突出地位，到更技术性地追问细节、人物和事情的进展，以及一些肯定学员的做法，比如赞美等。

还值得注意的是，在最初听到学员的陈述时，Lance选择忽略了大部分言语，包括那个例外——“确实有了一些进步”，转而去关注学员刚出现的命题，即他希望的“礼貌地打断”。在主导焦点解决式会谈时，一句话可能包含不止一个关键机会点，整个会谈过程当中都充满了选择。在这个例子当中，Lance首先选择去确定那个不同的命题，知道“确实有了一些进步”的例外仍然可以在之后的关注中重新回归。在焦点解决式会谈中，观察者常常注意到的一句话是“让我回到某个点”，这反映了访谈者在谈话过程中一直在把控机会，有时还会选择回到较早以前谈到的事情而不是刚刚说出的内容。

问题

- 根据什么理由可以说“确实有了一些进步”是到目前为止会谈中最强的例外？
- 这段对话共同建构了哪些有用的感知转变？

使用量尺让例外发生作用：片段4

学员： 确实，我自己也明确地感到越来越欣赏它。

Lance： 让我们用评分来具体化一下。如果10分是想打断时就可以打断（对我来说是打断的技能，而对你就是优雅和礼貌地打断），0分是还没有意识到打断是我渴望的技能，目前你会给自己打多少分呢？

学员：刚开始实习时，我想我肯定是0。我认为现在我已经到5了——对于一个不喜欢打断别人的人来说，这已经是我的一个巨大的飞跃，所以肯定还有很大的提升空间。

Lance：很好。你是怎么开始接受自己安静的一面，你更喜欢有礼貌，以至于在打断方面取得这么大的进步？

学员：我想我以前可能有一个想法，可能是一个SCIP[1]或什么的，我认为安静的人是礼貌的人、可靠的人，或者类似的人。他们不打断他人，就像这不是事情原貌的一部分。我想这就是我以前非常相信的事情。但是现在我看到你可以同时拥有这些东西。你通常可以是一个安静的人，也可以是一个礼貌的人，或者你可以是可靠和安静的，还可以不时地打断。我开始学到，打断本身可以是一种礼貌的行为，因为它防止了事情对每个人来说变得更糟，并防止了让一些人的感情真的受到伤害。所以我认为我需要开始转变我的想法，即你只能是其中之一。现在我能理解你可以两者兼而有之，有时它们甚至可以相互补充。所以我认为这对我非常有帮助，使我能够开始更多地适当地打断人们。

Lance：我看到了一些有力量的转变。从非此即彼的位置转变到两者兼而有之。（学员：确实。是的，绝对是这样。）很好，这对你来说很好，因为我知道非此即彼的观念可能很强大，也会对你有所限制。

学员：确实如此。

Lance：我认为你发展出的这个观察非常好，打断可以是一种礼貌的方式。你有没有想过，与礼貌地打断相伴的另一种用途，即在这种用途中，打断也可以起到有效的作用？

学员：是的。我认为我也学到了很多，这是我以前非常害怕的事情。如果我打断他们，如果我打断他们的谈话，他们会觉得我不让他们

[1] 回到IPScope，SCIP缩写代表社会文化人际模式，这种互动方式可能部分地由影响参与者的文化和社会模式决定。

讲话或者我要阻止他们，或者认为我在确证他们。所以我发现我架构的这种方式可以进行验证。例如，有时我会说“抱歉，我能打断你一下吗？你说了很多重要的东西，我只是想确保我理解正确”。所以这本身就能让他们放慢速度，而且我发现这也非常有效。哦，是的，如果是一个PIP的责备或什么的，试图把责任完全推给别人，我发现打断时我试图重新架构，让他们看到他们能控制的范围。我发现这也可以是一种赋能和有效的方法，而不是仅仅关注于别人没有做什么或者他们需要做什么。所以我发现它有时实际上是非常有效的。

Lance：当你切换模式，通过优雅地打断从责备的位置转变到非责备，是什么让你认为你这么做会有效？

学员：我认为这有点像验证沮丧或卡住的感觉，以及其他人需要做事情的立场。这有点像先承认这是一个困难的处境，然后再尝试去探索他们可以控制的部分或他们拥有的优势。所以我觉得，在一个人处于困境，需要我们帮他从困境中走出来的时候，打断就特别有效。

Lance：有点像确认有效的阶段或层次。首先你确定了责备背后的沮丧或被卡住的感觉。如果仅仅停留在这一点，我不会对它印象深刻，但我看到你把它提升到另一个层次，那就是去寻找确认可替代的东西，即他们自己的资源和能力。是吗？

学员：是的。

Lance：你会把什么看作一点点进步的迹象呢？我知道你对一点点的进步很敏感，如果我们略微超过5，你会注意到什么？

学员：嗯，我认为那会是……如果我注意到，可能是数量方面的，我适当打断的次数。当然，我认为也许我并不总是那么关注我什么时候打断，所以我觉得更多地关注这一点，然后注意到我实际上打断的次数，这样就会增加一点分数。我还认为要继续信任我自己的感觉，继续练习我打断的方式，并转变我对打断的看法，因为我确实注意到我过去的一些信念仍然会偶尔出现。所以我觉得如果我能继续挑战这种非此即彼的观点，这真的会帮助我超越5分。

讨论

在焦点解决式会谈中有许多应用量尺打分的方法。其中一种就是放大例外并引导受访者看到自己的能力。这个例子中，学员的陈述，“确实，我自己也明确地感到越来越欣赏它”，提供了一个机会点来量化他对打断的“欣赏程度”。

从学员“越来越欣赏它”的表达中，我们本能地会问“你有多欣赏？”所以“越来越欣赏它”提供了一个量化有多“好”的机会点。读者可能注意到，评分的提问方式使0不太可能出现在回答中。任何高于0的回答都隐含着差异。即使给出的评分是1，我们也可以利用0和1之间的差异进行工作。如何检测差异？差异的细节是什么？在这里的例子中，学员能够量化从0分（实习刚开始的时候）到目前5分（目前）的变化。焦点解决的方法是探索达到这个程度的方式，通常从你做了什么使你进步到现在这个状态开始，有时会把焦点放在进步一小步，或在评分上略高一分。

问题

- 怎么用量尺问句提问才不太可能出现0分的回答？
- 到目前为止，学员的进步展现出了他的哪些能力？

引出细节和具体化：片段5

Lance：我发现你再次指向了一些非常重要的实践。你谈到了打断的方式并在练习这些方式。这确实是整个希望的基础。我们可以打断很多不同的事情。用心练习，就像我们做的许多活动，练习决定了我们的技能水平，对吗？

学员：是的，确实如此。

Lance：好的，所以，在我们结束这个话题之前，我们来关注一下打断方式这个概念。如果你在脑子里快速过一遍你的打断方式，你会想到哪些？

学员：我想到一些。通常我会说“我能打断你一下吗？”或者“我可以在这里打断一下吗？”有时我会说他刚才说了一些非常重要的东西，我想花点时间强调一下。如果是情况严重到变成了PIP，有时如果我能鼓起足够的勇气，我就会更加坚定一些。所以有时我会从“我能打断一下吗？”开始，然后我会说“我注意到我们有点过分关注细节了”或者类似的话，因为很多时候会有关于发生了什么（真相）的争论。所以有时我会那样说，有时我也会说：“我只是想注意一下。我担心我们可能失去了某个人。”然后我会转向另一个人，看看他们有什么要说的。有时我会打断并试图点一下PIP。就像有时我会说：“我不确定你是否注意到这一点，但你是否注意到有时在这些对话中你会有点责备的意思，而另一个人觉得需要为自己辩护？你有没有注意到这种情况会经常发生？”所以在这些情况下，我会试图阻止PIP，我会提议远离细节，可能更关注过程。所以，是的，这些是我喜欢用的一些打断方式。

Lance：这是一个很深的套路。我注意到其中的一点很值得强调一下。有些你用来打断的表述使用了问句：“我能打断一下吗？”我想我听到的有趣的事情是——我只是想跟你核实一下，我认为这些是以问题形式出现的陈述，这让它们更加温和。这是否是一个得体的观察或评价？

学员：是的，你说得太对了。我确实尝试以问题的形式提出，以使其显得更加谨慎，但我其实并不是在询问，我是要打断。

Lance：因为，回到那个问题，谁的工作就是谁的工作。你的工作是帮助人们带着希望去他们要去的地方。这就意味着要做出一些选择。这是我要做的一个选择。我可以温和地向你提出我要打断，但我是一定要打断的。

学员：是的，确实，确实如此。

讨论

帮助来访者逐步说出解决方案的一种可靠方式就是询问细节——在这个例子中就是包含“礼貌地打断”的对话事件的细节。这条探询的路径展示了SFBT的原则，即基于来访者已有的资源来构建解决方案。受访者已经拥有的能力是什么？这些能力是否可以进一步优化？

这与旨在从外部向内构建技能的、更倾向于专家驱动的方法形成对比：专业领域的专家为学生提供教育或建议，告诉他们可以做哪些新的或不同的事情。这并不是说SFBT教练不会告诉学员一些他们认为对学员有用的经验。我们称之为“添加保留（来访者语言）”的回应-建构机制，是指SFBT从业者可能以某种形式提供“建议”的一种方式。SFBT采用的方法就是优先考虑来访者的经验和知识而不是专家的专业知识。

问题

- 确定受访者能力的价值是什么？
- 在访谈者的回应中有哪些“添加保留”中“添加”的例子？

鼓励转变话题：片段6

如果读者回溯前一个片段，会发现学员的一段陈述：

我想到一些。通常我会说“我能打断你一下吗？”或者“我可以在这里打断一下吗？”有时我会说他刚才说了一些非常重要的东西，我想花点时间强调一下。如果是情况严重到变成了PIP，有时如果我能鼓起足够的勇气，我就会更加坚定一些。

再次从之前的话语中选择回顾一个潜在机会，Lance回应道：

是的。好的。所以我们是否可以暂时放下打断的具体内容，你提到了坚定。我非常喜欢这个词，想到一个访谈者要坚定。从我听到的你目前为止的言语中，我猜你对以礼貌的形式展现的坚定感兴趣，但本质上仍然是对坚定感兴趣。我不知道是否还有其他属于这个范畴的事情，在会话中你希望使用的与坚定同等重要的其他方式。有想到什么吗？

学员： 是的。所以我想到的是，总的来说就是在某些时候更加直接。而且我还认为应该拥有更强的存在感。我觉得这也是其中的一部分。

Lance： 那就多谈一点直接吧。

学员： 嗯。我以前好像提到过，我发现我有点太谨慎了，这样有时可以很好地发挥作用。有时为了不伤害别人的感情，我会加入很多词语来缓和一下，但有时我发现这会显得有些优柔寡断，使其失去效果或影响力。所以我想，我要尝试随时调整，当这种方式对我不起作用时，我只是需要更加直接，果断地表达。

Lance： 再次回到两者兼而有之。我可以选择谨慎和直接。我可以根据情况选择两者。（学员：是的）你注意到自己在直接方面有什么变化吗？有哪些迹象？你的做法有什么不同？

学员： 我觉得当我更加直截了当时，坚定会变得更加明显。我不知道直率这个词是不是最合适的，但确实是直率——而且当我在某些事情上采取更坚定的立场时，我觉得人们才真正注意到我更加直接。

Lance： 哦，是的，之前你提到"有时……我会加入很多词语来缓和一下"。所以另一个迹象是你的词语变少了。就像你说的那样，你可能会更加直率。

学员： 是的，确实如此。

Lance： 你提到的另一件与坚定相关或相伴的事情是存在感。你能多谈谈你作为治疗性访谈者的存在感吗？

学员： 我觉得存在感就是要确保我和我所工作的家庭有良好的理解，他们知道我的角色是什么。我的角色不是站边，也不是"修复"任何人，而是来支持这个家庭，并在促进他们的互动和关系上进行工作。所以我觉得从一开始就要非常明确哪些是我的工作，哪些不是我的工作。人们知道了这一点，就不会期待我为他们做这做那，或者做所有的工作或类似的事情等。是的，所以我觉得明确这一点，让他们知道我在认可他们，而不是冒着让一些人感到被排斥的风险去站某一方的队。是的，我不确定这是否回答了你的问题。

Lance：是的，这回答了我的问题，而且还有一个我没有问的，我觉得也很有趣的问题。在你谈论你的存在感时，我印象深刻的是你对自己在对话中的位置非常清楚，这让我觉得这一点可能是在和家庭的对话中的一个非常重要的部分。你更知道自己在做什么，所以才能让他们明白你在做什么。（学员：是的）是的。我听到了一些好的标准。我听到了你很明确不做什么。这些不是随机的，有时家庭希望我们做的一些事情是很具体明确的。他们可能希望我们站在他们这一边，通常不是出于恶意，而是为了尽快有所改善，他们希望得到治疗师的帮助，也许是站在我的一边或者为我做工作。这些愿望在家庭中并不罕见，所以当看到你已经发展出一种应对这种情况的立场的时候，我感觉很棒，而且知道你可能会怎么回应。

讨论

可喜的是，读者开始发现/看到，聚焦解决的教练工作是如何基于语言中的机会点来构建语段的，特别是怎么选择关键词和短语，使其成为对话的核心。一些SFBT实务工作者发现自己不再坚持“目标”这一概念，因为它往往具有单一的含义，并带有具体化和永久性的传统。例如Joel，他更喜欢“愿景”而不是目标，因为愿景是流动的，并随着经验和信息的变化而变化。从更广的意义上讲，这展示了模式如何继续发展。

SFBT实践倾向于在谈论希望的时候用更加流动渐进的语言。在这些片段中我们可以看到，学员提出了许多可能与有经验的治疗师和教练产生共鸣的词语或概念。他渴望掌握“礼貌地打断”的技能，寻求“坚定”和“存在感”，并且选择“直接”作为有效会谈的其他方面。这些词语拓宽了他关于“成长点”的叙述。

对差异的表述丰富之后，它的一个价值就是，可以与来访者共同构建几个令人感兴趣的可能性或者机会点。通过这些机会点，他可以提醒自己他首选的思考和行动差异。他有更多的标题或副标题，因为希望和变化可以创造机会，从而与行动产生更多各种各样的联结，也为治疗实践提供更多的观察机会。

问题

- 读者是否能够注意到访谈者语段中的肯定和提问的重复模式？
- 从另一个角度就机会点这个概念进行探讨：访谈者的回应可以以什么方式为受访者提供机会点？

一个具体案例的“督导”：片段7

这个教练会谈中的前一节主要针对会谈技能和实践模式。正如学员治疗师经常寻求对某个案例的帮助，这一节简要演示了焦点解决取向的案例教练是如何继续基于学员提供的机会点进行工作的。这种干预形式与更多以专家为主导的督导方式之间的对比显而易见。

作者无意暗示，这种干预形式或许优于更有经验和技能的访谈者以教学和建议的形式分享他们的经验。也许把它看作一种替代方式更好，沿着先前提到的从内向外构建能力的路线，可以补充更多从外向内的指令和示范设计。

Lance：好的，我们谈到的其他事情之一是你提到的一个你想简要考虑的案例，如果你觉得这是一个合理的方向，我也许会建议我们用剩下的时间来处理这个案例。你觉得这样可以吗？（学员：嗯，当然可以）那你希望我们怎么讨论你的这个案例，这样你才会觉得我们的这个对话是有用的呢？

学员：这是一个高冲突分离的家庭，他们到中心来是因为他们担心孩子。但很多时候我和他们的对话变成了其中一人如何糟糕，他在毁掉我们的孩子，他做错了这个、做错了那个，全都是对方的问题，我需要治疗对方。我不知道时间怎么过去了，但我们已经接近了这个家庭的（听不清），所以我感觉有些压力。有很多话来回地说，这绝对是一个我需要更多打断的家庭。我也需要比平时更加坚定。他们给了我很多练习机会，但我发现有时练习没有效果。所以我担心，你知道的，我要说我们快结束了。我想他们已经知道接近尾声了，但我担心要发生的事情是，他们会提到我们没有做任何事情，或者没有任何改变，或者你没有改变某个人。是的，所以，这就是我跟这个家庭现在的状态。他们有时候在谈论（听不清）。

Lance：好吧，我很高兴你得到了练习的机会，但我知道你对此的感受可能会很复杂。我听到了你感到压力在增长。在某种程度上，结束确实是这样的。到目前为止，我听到你提到了这个家庭的两方面情况。你说他们在这里，当然，他们来到中心，是因为他们担心他们的孩子。如果你能，这可能需要一些回忆或猜测，你能试着用他们的语言来分别描述父亲和母亲吗？你认为他们对孩子的希望是什么？

学员：好的。实际上父母双方都希望他们的孩子不会因为父母的冲突而受到很大的影响。他们都希望孩子能够自在地谈论他们的感受，谈论他们的烦恼，开放地表达，而不是把这些藏在心里。有趣的是，他们在对孩子的希望上完全一致。所以，是的，这就是他们希望我们工作的方向。

Lance：从某种程度上讲，这既令人兴奋又有些悲哀。令人兴奋的是他们有同样的希望，因为他们应该能够实现他们的愿望，我们通常遇到的挑战是让父母在希望上达成一致。这些人已经在希望上达成了一致，但悲哀的是他们的争吵破坏了这种一致性。

学员：嗯。

Lance：如果我们分层次来看的话，你能猜测一下他们可能会怎么说他们对孩子的希望吗？既然他们希望父母之间的冲突不会对孩子产生负面影响，他们希望孩子如何应对父母之间的差异？他们希望发生什么来替代他们希望不发生的事情？

学员：嗯嗯。我认为他们都希望孩子不要因为冲突而内疚或责怪自己。他们注意到有时孩子会很安静，他们认为这种安静是不对的。他们希望看到的是孩子能够说出问题出在哪里，而不是把这些藏在心里。

Lance：所以，我想这里可能还有另一个层次。所以你不想孩子们责怪自己，他们不希望父母间的冲突使孩子安静，使孩子沉默。他们不希望这种情况发生。我们就以此为例，当他们不想让他们之间的怨恨或者冲突导致孩子们沉默的时候，你认为产生什么迹象可以表示会有那种健康的氛围出现？

学员：嗯，我想这个迹象可能是，如果他们能够更多地表达他们的感受，哪怕是关于父母之间冲突的感受。我想他们看到孩子担心父母的争吵，所以好一点的做法或他们会注意到的好迹象是孩子们感到更安全或更舒适。我猜想也许是更信任他们的父母能够谈论一些事情，而不是把每次谈话主题都变成父母关系的问题。

讨论

在这一节会谈中我们注意到的第一件事是对话再次定位在访谈者的希望上，即谈话怎样才能有用。教练并不擅自决定什么是最好的。正如回应希望问句时常见的情况，学员进入了一段关于挑战的长篇叙述。Lance从中选择了“当然，他们来到中心，是因为他们担心他们的孩子”，并询问“你认为他们对孩子的希望是什么？”

Lance首先探索学员对这次教练会谈的希望。推测学员希望帮助家庭实现他们对治疗的希望。这条探询线包含了一个嵌入的建议，即关注来访者的希望可能比机械地面谈困难更有用。探询使用了一种系统性会谈的常见策略，即让会谈中的人替未在场的人说话。尝试代表父母说话，学员生成了一个有希望的机会点：

实际上父母双方都希望他们的孩子不会因为父母的冲突而受到很大的影响。他们都希望孩子能够自在地谈论他们的感受，谈论他们的烦恼，开放地表达，而不是把这些藏在心里。有趣的是，他们在对孩子的希望上完全一致。

“父母双方都”这个表达引起了Lance的注意，这是一直提到的父母不和模式中的一个显著例外。整合这个充满资源的“父母双方都”——本身可能是一个有价值的目标，而来访者已经实现了这个目标，Lance将对话方向调整至：如果问题不再发生，来访者的希望是什么。

从某种意义上说，Lance通过学员“采访”了不在现场的来访者。学员有意或无意地在教练会谈中呈现了一个来访者在与他的家庭治疗会话中呈现的机会点。这可能是又一个关键点，与问题解决模式相比，它展示了建构解决之道模式的有用性。

问题解决模式可能以沟通挑战和会谈管理为解决问题的方式。建构解决之道模式关注希望，既包括来访者的希望，也包括学员的希望，并通过来访者和学员提供的机会点共同构建“成功”叙述，使希望和行动趋向一致。

Lance和学员之间的这段对话还有一个特点，可以将其描述为分层提问，这在SF会谈中很常见。通过学员言语的独立片段和Lance回应的独立片段可以清楚地看到这一点。

学员： 好的。实际上父母双方都希望他们的孩子不会因为父母的冲突而受到很大的影响。他们都希望孩子能够自在地谈论他们的感受，谈论他们的烦恼，开放地表达，而不是把这些藏在心里。有趣的是，他们在对孩子的希望上完全一致。

Lance：既然他们希望父母之间的冲突不会对孩子产生负面影响，他们希望孩子如何应对父母之间的差异？他们希望发生什么来替代他们不希望发生的事情？

学员： 我认为他们都希望孩子不要因为冲突而内疚或责怪自己。

Lance：你认为产生什么迹象可以表示会有那种健康的氛围出现？

学员： 孩子们感到更安全或更舒适。我猜想也许是更信任他们的父母能够谈论一些事情，而不是把每次谈话主题都变成父母关系的问题。

问题

- 以这种方式与学员会谈，发现其来访者家庭的资源，这样做有什么价值？
- 根据这一片段的进展，访谈者的回应里有哪些机会点可为下一步所用？

在暂停前：片段8

作者都继续实践着焦点解决式会谈结束前的暂停，以反思对话、整理思绪并准备本次会谈的结束摘要。按照惯例，我们会询问是否有“其他事情”我们应该谈论但在会谈中没有提到。这一片段还结合了一种形式的启动问句（K. Tomm，私下交流）。

Lance：是的。所以，我想短暂暂停一下。你觉得可以吗？（学员：可以）我只需要两三分钟，然后我会回来跟你一起打包今天的谈话。所以在休息之前问你一下，有没有什么你希望我们谈到但却没有提到的事情？

学员：我觉得没有。我认为坚定、直接——所有这样的事情，包括打断，贯穿我很多工作的主题，所以我觉得这是一场效率很高的会谈，没有任何遗漏。

Lance：让我们用一个启动问句开始工作吧。反思我们刚才的谈话，可能还有你之前跟自己讲的与今天的谈话有关的内容，以及为准备这次谈话所做的反思，你现在有没有想到什么？这个东西可能会在今天的谈话后一直萦绕在你的脑海里，直到激励你在这方面采取更多行动？

学员：今天让我印象深刻的是，如果我不是必须从这个角度考虑，它就不会给我更多的动机，我也不会被激励在这个成长点上继续前进。但我认为现在知道了我实际上更加信任自己，信任自己在对话中的感觉。我没有把这些感觉推到一边。我信任我的直觉。我所发展的技能，更多信任自己这一点，我没有这样表达过，但我能看到在过去几个月里这真的成长了很多。所以这对我来说是一个巨大的、令人兴奋的事情，但我觉得我会紧紧地抓住它并继续前进。

Lance：你有没有想象过，更多地理解和接受这种对自己的信任会带来什么不同？

学员：嗯，你知道我当然是这种治疗动力的一部分，我也是这个治疗整体的一部分。所以我认为我理解这会引发我的感觉，我认为适应这些感觉也是确认这些感觉的一种方式，因为我觉得我以前对自己的经验非常否定。所以我认为信任自己实际上会给我更多的存在感。当我和来访家庭在一起时，我不会显得非常不确定或有类似的感受。我可以更多地依靠我的感觉或经验和技能。是的。

Lance：你愿意再进一步说明一下，你认为增加你的存在感会如何使来访者获益？

学员：这也会使他们更多地信任我。我想这也会更加明确我的角色和位置。我猜他们也会更倾向于接受我。如果他们看到在治疗过程中我对自己和正在做的事情有信心，他们会觉得可以信任我来支持他们。所以，是的，我觉得这对来访者也会非常有帮助。

Lance：好的，我们休息几分钟。我会马上回来。

讨论

最重要的是，这一片段让我们看到，学员在谈话中是如何将来访者语言中的关键机会点简要表达出来的。一系列词和短语的使用让我们看到了这段对话中的语言路径。学员说出了这些词和短语，Lance进行了选择和强化：

- 坚定。
- 直接。
- 打断。
- 更加信任自己。
- 更多的存在感。

敏锐的读者可能注意到，除了“更加信任自己”，这些词汇都是学员首先在对话中提到的。在片段3中，Lance对学员关于他以前在会谈中挣扎于紧张感的叙述进行了回应。回应中的猜测后来也得到了学员的积极肯定：

Lance：你是否认为这么说是合理的：你可能已经发现自己开始对自己有更多的信任，当你注意到某些东西在困扰你时，你会认为这种困扰的背后可能有一个重要的理由。

学员：是的，这是一个很恰当的说法。是的，我认为我对自己有了更多一些的信任，而不是想：“哦，把这些感觉先放在一边。”现在我会想：“好吧，这些感觉的出现是有原因的，这个原因是什么呢？”所以，是的，更多地信任自己确实已经成为我工作中很重要的一部分。

关于机会点，我们通常会想到一个词或短语。在这个例子中，从学员对他如何看待自己在会谈中的紧张感的长篇叙述中、从坚信这是一个缺点到认为这可能是一个有用的行动信号的过程里，机会点出现了。

问题

- 在这一片段中有哪些建构解决之道的例子是以引发差异的形式导致了差异的产生？
- 在刚才的这个片段中，学员呈现出了哪些机会点来帮助访谈者构建结束前的总结？

暂停后

Lance：所以，简单总结一下。我对你做的事情印象深刻。我认为这反映了你对技术和能力的不懈追求。在我们谈话时，我对你对自己的清晰认识印象深刻。你非常了解自己的个性和一些习惯，还有已经形成的处事方式。在这种情况下，我非常欣赏你愿意冒险的一面，并且愿意打开新的大门成为不同的自己，甚至有时是完全相反的自己，作为充实你所做工作的技能的一部分。是的，愿意走出自己的舒适区，成为不同的自己。与日常对话相比，治疗性对话确实是一种非常不一样的对话。它很专业，也有非常不一样的规则。你曾经愿意去挑战日常对话的一个规则，即不要经常打断。在治疗中，有时必须打断。我想到的是你对PIP的立场、它们如何变得强大、打断、存在感的力量以及它的价值。有时我们打断问题以确认那个人的诉求。

学员： 是的，我确实喜欢这样的表述方式。

Lance： 最后，我对你印象深刻的还有你对存在感的兴趣层次。我认为治疗师或顾问的存在感确实很重要。我也认为坚定是其中的一部分。我很高兴听到你说及时和优雅的打断是坚定的重要组成部分。你有关于如何做好打断的标准，而不是做得不好。这看起来是一套非常好的想法，它是在一个层面上非常重要的概念，在另一个层面上又非常实用。我认为它们会对你与来访者的每一次对话产生作用。（学员：嗯嗯，谢谢你！）是的，好吧，我们今天就到这里。祝你一天都快乐。

学员： 谢谢你，谢谢与你的这次对话。我觉得非常有帮助，也很鼓舞人心，是的，这是一个美好周一的开始。

第10章

轮到你了

如果你读到了本章，很可能你现在已经非常了解机会点分析的过程了。本章旨在给你一个自己练习这种方法的机会。我们选择了一个语段来进行分析，并将带着你逐步完成这个过程。

在本章末尾，你会看到一个空白的表格，可以把它用作机会点分析的模板。我们选择的这个语段摘自一个首次治疗会谈。来访者是David。在这段对话中，David反思了他父亲去世对他工作表现的影响。

在对话过程中，他说他想“到达我想去的地方”。治疗师问他如何知道自己正在朝着想去的方向前进。这是他的回答，也是你将要分析的语段：

过去的11个月我非常沮丧。去年夏天，我的父亲自杀了。我觉得我给自己施加了压力，要自己必须度过这一切。我还没有解决我的悲伤，因此，我的工作表现受到了一些不利影响。这变成了某种身份危机。我习惯于在工作中表现得非常好，而沮丧只会让事情变得更糟。无法解决某些问题让我变得非常沮丧。我曾经是那个总是可以依靠的人，我觉得我不再是那个人了。

表10.1　示例记录表

机会点	可能的行为/*想要的行为	理由
1. 过去的11个月我非常沮丧。	1a：我能理解。 1b：你是如何应对的? 1c：当你开始不那么沮丧时，你会做些什么、想些什么或有些什么感受?	
2. 去年夏天，我的父亲自杀了。		
3.		
4.		
5.		

步骤1

使用这张记录表，继续将语段分解成更多的机会点。这样做没有对错之分，完全取决于你想如何分解这段话。作为指导，以下是你可能会放在记录表中的前两个句子的示例。虽然这里显示了五行，但根据你对这段话的分解，你可能需要添加更多行。

步骤2

一旦你将这段话分解成组成它的机会点，下一步是为每一个机会点提供可能的干预措施。为了方便将来参考，作者发现，根据机会点编号给这些可能的干预措施编号是有用的。例如，在上面的记录表中，第1个机会点的可能干预措施编号分别为1a、1b，以此类推。第2个机会的编号为2a、2b，以此类推。

这一步是整个过程中具有创造性的部分。尝试为每一个机会点提出至少三个可能的干预措施。例如，在上面例子中的第1个机会点后，你可能会记下：“1a：我能理解。1b：你是如何应对的？ 1c：当你开始不那么沮丧时，你会做些什么、想些什么或有些什么感受？”这些只是示例——我们鼓励你提出自己的想法。

步骤3

现在回顾你为所有机会点提出的所有可能的干预措施，问自己以下问题：“这种特定干预措施有多大可能会得到一个建构解决之道的回应？”回顾第4章，特别是“建构解决之道”的定义，可能会有所帮助。

例如，在上面的记录表中，若分析者列出的1d是：“告诉我更多关于沮丧的事。”我们可能会同意，这种干预措施更有可能得到一个问题导向的回应。如果你确定某个干预措施可能会得到一个问题回应，请画掉该干预措施，建议提出一个替代的干预措施，该干预措施更有可能引出一个建构解决之道的回应，并将其添加到记录表中。

步骤4

在治疗对话中，治疗师必须决定如何回应来访者。一般来说，对话是通过轮流说话进行的：来访者说了什么，治疗师回应，依此类推。在这个练习中，对于每一个来访者的陈述，治疗师只能给出一个回应。重要的是要记住，你不是对每一个机会点做出回应；相反，你是对整个陈述做出回应。在上述案例中，David提供了一个长篇陈述。你不要用多个干预措施来回应这个陈述——只要一个干预措施。

回顾你所有的机会点和对它们的可能回应。在所有的机会点和干预措施中，选择一个你最喜欢的。例如，当完成上面这个记录表后，它里面会有5个以上的机会点，而每个机会点都会有3个甚至更多的干预措施。这样加起来就会有至少15个可供选择的干预措施。你要在这15个当中选择一个你首选的干预措施，并将其用星号、下划线或圆圈来标记一下。

步骤5

现在你已经选择了首选干预措施，是哪个/些焦点解决的原则指导你做出了这个选择？在记录表中指定的位置写出你的选择的理由。例如，在上面的记录表中，假设我们选择了1c，其理由可能是，这个干预措施邀请David制定一个治疗目标。

未来的可能性

- 从你自己的工作中选择一个语段，并使用机会点程序进行分析。
- 找一个对分析感兴趣并愿意合作的同事。首先让他们买这本书（作者意识到这是一次拙劣的商业促销）。从这本书的某个章节或你自己的工作记录中一起选择一个或几个待分析的语段。各自分别将这些语段分解成句子。然后两人一起，根据对话的话轮商定一个统一的句子列表。根据作者的经验，作者建议在如何将对话分解成组成它的句子方面要达成一致，以保持一致性。每个人分别独立地分析句子。两个人都完成分析后，再在一起比较和讨论你们的工作。作者的经验是，这样做会引发一些非常有趣和发人深省的对话。

最后的话

我们开始写这本书的时候，我们这样描述我们的目标：

最重要的是，我们撰写此书，希望它能提供一种有组织的方式来倾听和回应来访者，这将为咨询实践提供有益的补充。

在我们的合作中，作者逐渐意识到，我们自己在倾听来访者建构解决之道的线索方面的能力得到了提升。当我们教其他人这种方法时，他们对自己的发现也充满了热情。最终，任何干预、任何过程、任何方法都需要通过服务来访者的实践来验证。只有来访者能告诉我们，他们和我们一起做的事情是否让他们产生了改变。在许多小时的研究和分析之后，我们开始相信书中描述的过程是一个强有力的工具，它可以提高我们倾听和回应来访者的技能。最终，这就是焦点解决短程治疗的精髓：作为治疗师的我们应该如何有用地倾听和回应来访者。

我们的工作是创造条件让来访者找到自己的解决方案，帮助来访者从心底找到他们真正想要的东西，以及如何实现这些东西。

（de Shazer et al.，2007，p.156）

表10.2　空白记录表

#	机会点	可能的回应（首选=*）	理由
1			
2			
3			
4			
5			

参考文献

Anderson, H., & Goolishian, H.A. (1992). The client is the expert: A not-knowing approach to therapy. In S. McNamee & K.J. Gergen (Eds.), *Therapy as a social construction* (pp. 25–39). London: Sage.

Bavelas, J. B., McGee, D., Phillips, B. & Routledge, R. (2000). Microanalysis of communication in psychotherapy. *Human Systems: The Journal of Systemic Consultation & Management*, 11, 47–66.

Beavin Bavelas, J. (2022). *Face-to-face dialogue: Theory, research, and applications.* New York: Oxford University Press.

Berg, I.K., & De Shazer, S. (1993). Making numbers talk: Language in therapy. In S. Friedman (Ed.), *The new language of change: Constructive collaboration in psychotherapy* (pp. 5–24). New York: The Guilford Press.

Berger, P. L., & Luckman, T. (1966). *The social construction of reality: A treatise in the sociology of knowledge.* New York: Doubleday.

Blundo, R., & Simon, J. (2016). *Solution-focused case management.* New York: Springer.

Brenner, C. (1974). *An elementary textbook of psychoanalysis.* New York: Anchor Books.

Cade, B. (2007). Springs, streams, and tributaries: A history of the brief solution-focused approach. In T. Nelson & F. Thomas (Eds.), *Handbook of solution-focused brief therapy: Clinical applications* (pp. 25–63). New York: Haworth.

Campbell, J., Elder, J., Gallagher, D., Simon, J., & Taylor, A. (1999). Crafting the tap on the shoulder: A compliment template for solution-focused therapy. *The American Journal of Family Therapy,* 27(1), 35–47.

De Jong, P., & Berg, I. K. (2002). *Interviewing for solutions* (2nd ed.). Pacific Grove, CA: Brooks/Cole.

De Jong, P., & Berg, I. K. (2013). *Interviewing for solutions* (4th ed.). Pacific Grove, CA: Brooks/Cole.

De Jong, P., Beavin Bavelas, J., & Korman, H. (2013). An introduction to using microanalysis to observe co-construction in psychotherapy. *Journal of Systemic Therapies,* 32(3), 17–30.

De Shazer, S. (1982). *Patterns of brief family therapy.* New York: The Guilford Press.

De Shazer, S. (1985a). *Coming through the ceiling: A solution-focused approach to a difficult case* (Video). Brief Family Therapy Center. Milwaukee, WI: Brief Family Therapy Center (120 minutes).

De Shazer, S. (1985b). *Keys to solution in brief therapy.* New York: W. W. Norton.

De Shazer, S. (1988). *Clues: Investigating solutions in brief therapy.* New York: W. W. Norton.

De Shazer, S. (1991). *Putting difference to work.* New York: W. W. Norton.

De Shazer, S. (1994). *Words were originally magic.* New York: W. W. Norton.

De Shazer, S., Berg, I. K., Lipshik, E., Nunnally, A., Molnar, W., Gingerich, M., & Weiner-Davis, M. (1986). Brief therapy: Focused solution development. *Family Process,* 25(2), 207–222.

De Shazer, S. & Dolan, Y. (2007). *More than miracles: The state of the art of solution-focused brief therapy.* New York: The Haworth Press.

Dolan, Y. (1991). *Resolving sexual abuse: Solution-focused therapy and Ericksonian hypnosis for adult survivors.* New York: W. W. Norton.

Durrant, M. (2004). Foreword. In Y. Ajmal, & I. Ress (Eds.), *Solutions in schools* (pp. vi–ix). London: BT Press.

Edmunds, M., Frank, R., Hogan, M., McCarty, D., Robinson-Beale, R., & Weisner, C. (1997). Managing managed care: Quality improvement in behavioral health. Retrieved February 25, 2020 from www.nap.eduhttps://www.nap.edu/read/5477

Fiske, H. (2007). Solution-focused training: The medium and the message. In T. Nelson & F. Thomas (Eds.), *Handbook of solution focused brief therapy: Clinical applications.* New York: The Haworth Press.

Franklin, C., Trepper, T. S., Gingerich, W. J., & McCollum, E. E. (2012). *Solution-focused brief therapy: A handbook of evidence based practice.* New York: Oxford University Press.

Froerer, A. S. (2009). Microanalysis of solution-focused brief therapy formulations. Unpublished doctoral dissertation. Department of Applied and Professional Studies, Texas Tech University, Lubbox, TX.

Froerer, A. S., & Smock, S. J. (2013). Identifying solution-building formulations through microanalysis. *Journal of Systemic Therapies,* 32(3), 60–73.

Garfinkel, H. (1967). *Studies in ethnomethodology.* Englewood Cliffs, NJ: Prentice-Hall.

Gergen, K. J,. & Gergen, M. J. (1983). Narratives of the self. In T. R. Sabin, & K. E. Scheibe (Eds.), *Studies in social identity* (pp. 254–273). New York: Praeger.

Gergen, K. J., & Gergen, M. J. (1986). Narrative form and the construction of psychological science. In T. R. Sabin (Ed.), *Narrative psychology: The storied nature of human conduct* (pp. 22–44). New York: Praeger.

Ghul, R. (2005). Moan, moan, moan. In R. Newlson (Ed.), *Education and training in solution-focused brief therapy* (pp. 63, 64). New York: The Haworth Press.

Haley, J. (1973). *Uncommon therapy: The psychiatric techniques of Milton H. Erickson,* M.D. New York: W. W. Norton.

Haley, J. (1990). *Strategies of psychotherapy.* Carmarthen (UK): Crown House.

Hornstrup, C., Tomm, K., & Johansen, T. (2009). “Sporgsmal – der gor en forskel” (Questions that make a difference). In *Erhvervspsykologi* (Business Psychology), 7(3), 2–16.

Joyce, A., & Piper, W. (1998). Expectancy, the therapeutic alliance and treatment outcome in short-term individual therapy. *The Journal of Psychotherapy Practice and Research,* 7(3), 236–248.

Korman, H., Bavelas, J. B., & De Jong, P. (2013). Microanalysis of formulations in solution-focused brief therapy, cognitive behavioral therapy, and motivational interviewing. *Journal of Systemic Therapies,* 32(3), 31–45.

Lamarre, J. (2005). Complaining exercise. In R. Nelson (Ed.), *Education and training in solution-focused brief therapy* (pp. 65, 66). New York: The Haworth Press.

Lyotard, J. (1984). *The postmodern condition: A report on knowledge.* Manchester: Manchester University Press

Macdonald, A. (2022). *Solution-focused approaches: SFBT Evaluation List.* Retrieved April 10, 2023 from https://solutionsdoc.co.uk/sfbt-evaluation-list

Marias, J. (1967). *History of philosophy.* New York: Dover.

Maslow, A. H. (1966). *The psychology of science.* New York: Harper & Row.

Miller, G., & De Shazer, S. (1998). Have you heard the latest rumor about …? Solution-focused therapy as a rumor. *Family Process,* 37(3), 363–377.

Newhart, B. (2023). *Stop It.* Retrieved February 5, 2023 from www.youtube.com/watch?v=jvujypVVBAY

O'Hanlon, W. H. (1987). *Taproots: Unifying principles of Milton Erickson's therapy and hypnosis.* New York: W. W. Norton.

Ratner, H., George, E., & Iveson, C. (2012). *Solution-focused brief therapy: 100 key points & techniques.* New York: Routledge.

Rosen, S. (1982). *My voice will go with you: The teaching tales of Milton Erickson.* New York: W.W. Norton.

Simon, F., Stierling, H., & Wynne, L. (1985). *The language of family therapy: A systemic vocabulary and sourcebook.* New York: Family Process Press.

Simon, J. (2010). *Solution-focused practice in end-of-life and grief counseling.* New York: Springer.

Simon, J., & Berg, I. K. (1999). Solution-focused brief therapy with long-term problems. *Directions in Rehabilitation Counseling*, 10, 117–128.

Simon, J., & Berg, I. K. (2004). Solution-focused brief therapy with adolescents. In F. Kalsow (Series Ed.) & R. F. Massey (Vol. Ed.), *Comprehensive handbook of psychotherapy: Vol. 3. Interpersonal/humanistic/experiential* (pp. 133–152). New York: Wiley.

Simon, J., & Nelson, T. (2007). *Solution-focused brief practice with long-term clients in mental health services: I'm more than my label.* New York: The Haworth Press.

Smock, S. A. & Bavelas, J.B. (2013). Introduction to SFBT contributions to practice-oriented research. part I: Microanalysis of communication. *Journal of Systemic Therapies*, 32(3), 3–16.

Smock, S. A., Froerer, A. S., & Bavelas, J. B. (2013). Microanalysis of positive and negative content in SFBT and CBT expert sessions. *Journal of Systemic Therapy*, 32(3), 46–59.

Solution-Focused Brief Therapy Association (2013). Solution-focused therapy treatment manual for working with individuals, 2nd ed. Retrieved December 9, 2022 from https://irp-cdn.multiscreensite.com/f39d2222/files/uploaded/SFBT_Revised_Treatment_Manual_2013.pdf

Stams, G. J. J., Dekovic, K., Buist, K., & De Vries, L. (2006). Effectiviteit van oplossingsgerichte korte therapie: Een meta-analyse [Efficacy of solution-focused brief therapy: A meta-analysis]. *Gedragstherapie,* 39, 81–94.

Szapocznik, J., Kurtines, W. M., Foote, F., Perez-Vidal, A., & Hervis, O. (1986). Conjoint versus one-person family therapy: Further evidence for the effectiveness of conducting family therapy through one person with drug-abusing adolescents. *Journal of Consulting and Clinical Psychology*, 54(3), 395–397.

Taylor, L. (2005). A thumbnail map for solution-focused brief therapy. In T. Nelson (Ed.), *Journal of Family Psychotherapy,* 16(1), 27–33.

Taylor, L., & Fiske, H. (2005). Tapping into hope. In S. J. Cooper, & J. Duvall (Eds.), *Catching the winds of change: Inspiring healing conversations and hopeful stories with individuals, families, and communities* (pp. 82–87). Toronto: The Brief Therapy Network.

Taylor, L., & Simon, J. (2014). Opportunities: Organizing the solution-focused interview. *Journal of Systemic Therapies*, 33(4), 62–78.

Tomm, K. (2014). Introducing the IPscope: A systemic assessment tool for distinguishing interpersonal patterns. In K. Tomm, S. St George, D. Wulff, & T. Strong (Eds.), *Patterns in interpersonal interactions: Inviting relational understandings for therapeutic change* (pp. 13–35). New York: Routledge.

Tomm, K., St. George, S., Wolff, D., & Strong, T. (Eds.) (2014). *Patterns in interpersonal interactions: Inviting relational understandings for therapeutic change.* New York: Routledge.

Tomori, C., & Bavelas, J.B. (2007). Using microanalysis of communication to compare solution-focused and client centered therapies. *Journal of Family Psychotherapy,* 18(3), 25–43.

Waltzlawick, P., Beavin, J., & Jackson, D.D. (1967). *Pragmatics of human communication.* New York: W. W. Norton.

Waltzlawick, P., Weakland, J., & Fisch, R. (1974). *Change: Principles of problem formulation and problem resolution.* New York: W. W. Norton.

Weiner-Davis, M., de Shazer, S., & Gingerich, W.J. (1987). Building on pre-treatment change to construct the therapeutic solution: An exploratory study. *Journal of Marital and Family Therapy,* 13(4), 359–363.

Wittgenstein, L. (1958). *Philosophical investigations*, 3rd ed. New York: Macmillan.

英中名词对照表

agency questioning	能动性问句
best hopes question	“最好的希望”问句
bridging statement	衔接声明
Brief Therapy Center（BTC）	短程治疗中心
brief vs. short-term therapy	短程和短期治疗
case worker	个案工作者
chart	临床记录表
client	来访者
closing summary	总结陈词
cognitive structure	认知结构
collaborative relationship	合作关系
coming through the ceiling	穿越天花板
constructive confusion	建设性混乱
constructivism	建构主义
converging narratives	融合性叙事
conversation	会谈
coping question	应对问句
customership	来访群体
deconstruction	解构
default question	默认的问句
deictic preservation	本质性保留
details of difference	差异细节
detail question	细节问句
difference	差异/不同
divergent	发散
EARS	引发、扩大、增强、重新开始
emotion-focused therapy	情绪聚焦疗法

events questioning	事件提问
exception question	例外问句
formulation	公式化表述
future-oriented question	未来导向问句
hallmark question	标志性问句
hope question	希望问句
illusion of choice1	选择的假象
initiative question	启动问句
invitation question	邀请问句
lexical choice	词汇选择
lines of inquiry	问询路线
managed care	医疗管理
matrix questioning	矩阵式提问
Mental Research Institute	心理研究所
microanalysis	微观分析
miracle question	奇迹问句
movement questioning	进展问句
normalization	一般化
observational question	观察性问句
opening question	开场问句
opportunity	机会点
opportunities analysis	机会点分析
pattern disruption	模式干预
possible intervention	干预性提问
post-structuralism	后结构主义
practitioner	实务工作者
pre-session change question	会谈前改变问句
pre-supposition	预设
problem-solving	问题解决
professional-as-expert	专家型的
progressive narrative	进步的叙事
psychotherapy	心理分析
radical acceptance	全然接纳
regressive narrative	退步的叙事

restructuring statement	重构声明
scaling question	量尺问句
situational assessments	情境评估
solution-building	建构解决之道
solution-focused interviewing	焦点解决式会谈
solution-focused practitioner	焦点解决取向的实务工作者
solution-focused question	焦点解决式问句
stability narrative	固定不变的叙事
sub-utterance	子语段
the first order change	第一序改变
the second order change	第二序改变
the sense of personal agency	个人主观能动性
therapeutic conversation	治疗性会谈
therapeutic interaction	治疗性互动
thinking break	思考间歇
utterance	语段
vision question	愿景问句
visual clues	视觉线索
walk-in clinic	即时咨询门诊

致谢

致我的妻子和50多年的伴侣，Joanna。你赋予我生命的意义。致我的孩子们，Mike和Alicia，以及他们的配偶，Stacy和Gabe。还有我的孙女们，Lily和Eleanor。致我焦点解决团队的同事们，你们激励着我。最后，致我的同事、朋友和合著者，Lance Taylor。感谢这段旅程！

Joel

致我的伴侣Catherine。感谢你与我一起度过的所有珍贵时刻和共同走过的道路。感谢你慷慨贡献的艺术作品。致我的女儿Deanne、她的丈夫Ron以及他们优秀的孩子Christian、Parker和Aiden；我赞赏你们。致Joel，感谢你让我们在一生的对话中，体悟到了焦点解决实践过程中的显著相似之处和细微差异。

Lance

致敬：Janet Beavin Bavelas（1940年2月～2022年12月12日）

在我们准备这本书的终稿时，我们听闻Janet Bavelas去世了。很幸运我们在2009年维多利亚大学（University of Victoria）焦点解决协会的会议之后，接受了Janet及其团队的微观分析培训。我们最初发表在《系统治疗杂志》（*Journal of Systemic Therapies*）上的文章以及这本书都是直接受她影响的成果。特别是在准备杂志投稿文章时，Janet慷慨地贡献了她的时间和想法，经常与我们见面讨论不同的选项。我们希望这本书，在某种程度上不仅能够代表她对我们以及焦点解决短程治疗实践的影响，也代表她留下来的宝贵遗产。

Joel K.Simon

Lance Taylor

译后记

在语言的缝隙里，看见改变的星火。

首先，感谢化学工业出版社赵玉欣编辑邀请翻译此书。第一次读这本书的英文原稿，思绪就被带到了2014年初春的北京，许维素老师和我联手邀请时任国际焦点解决协会（SFBTA）主席兰斯·泰勒从北美一路飞行，分别到北京、上海和台北举办焦点解决工作坊。兰斯个子高高的，留着山羊胡，蓝色的眼睛温和又充满智慧。他自己不是一个喜欢旅行的人，那是他第一次到遥远的亚洲出差，他说这是为了传播焦点解决，也为了满足遥远国度很多人的期待。课程结束，我们到九十九顶毡房餐厅用餐，兰斯被蒙古包的设计和餐桌上的美食惊呆了，纯真的、孩子一般的笑容挂在他脸上，当时他有70多岁了，我自此与兰斯结缘。十多年之后，看到乔尔·K. 西蒙和兰斯·泰勒合写的最新著作，脑子里出现一句话：原来，真正的治疗不必先拆解伤口，而可以先点亮一盏灯。现在，这盏灯被翻译成中文，摆在读者的面前。

一、从“问题”到“例外”：一次视角的变换

在中文语境里，我们习惯说“对症下药”，似乎必须先找到病根，才能谈疗愈。焦点解决短程治疗却提供了一种逆向思维：如果我们先凝视“症状不出现的时刻”，会发生什么？本书用大量微观对话告诉我们——改变往往不在问题的深处，而在例外的缝隙里。翻译过程中，我们无数次被这种“转换视角”的策略之美所震撼：当来访者说“我总是焦虑”，咨询师不追问焦虑的源头，而是问“什么时候焦虑轻一点？”；当来访者说“我做不到”，咨询师问“你是怎么能够偶尔做到的？”这种提问方式，像一束光，照见了来访者被自己忽略

或者忘记的能力。

二、从“技术”到“态度”：语言的温度

SFBT的工具箱看似简洁——奇迹问句、量尺问句、例外问句、应对问句……，但真正让它生效的，是提问背后的“not-knowing”（未知）的态度——咨询师不急于给答案，而是相信来访者自带答案。翻译时，我们反复揣摩这些提问背后的态度：它们不是审问，不是指导，而是邀请。比如“如果10分代表你理想的一天，今天你给自己几分？”——中文里若用“你觉得自己能得几分”就显得评判，而用“你会给自己几分”则保留了来访者作为主人的、可以自由思考的空间。我们尽力在译文中保留这种“轻声提问”的质感，希望读者能听见文字背后的尊重与好奇。

三、从“咨询室”回到生活的“日常”：每个人的改变之道

本书最打动我们的，是它把治疗从“50分钟的密室对话”拓展到生活的每一个角落。来访者说“我睡不好”，咨询师问“有没有哪一晚睡得稍微好一点？那晚发生了什么？”——这句看似简单的提问，其实把“有效疗愈的权力”交回了来访者手里：你才是自己生命的专家。SFBT的普适性正在于此：它不依赖专业术语，只依赖我们对“差异”的敏感。

四、从“译者”到“读者”：一场双向奔赴的建构

最后一章的“轮到你了”是作者留给读者的礼物——一段空白表格，邀请你亲手拆解一段对话，像拼图一样找出机会点。我尝试去完成，才发现最难的不是找“机会”，而是克制“给建议”的冲动。SFBT的精髓正在此处：真正的帮助不是告诉对方“你应该怎么做”，而是帮对方看见“你已经做了什么”。希望读者在填写那张记录表时，也能体验到这种“从身后一步陪伴，让改变发生”的惊喜。

感谢我们的翻译团队，包括李青、李一岚、李鲁平、李洋、王欣和我。我们这个小分队的宗旨是把焦点解决短程治疗最优秀和最新的著作翻译成中文，大家在未来的日子里，会陆陆续续看到我们的成果；感谢化学工业出版社和优秀的编辑们，她们从茫茫书海中，像淘金一样发现好书并处理好翻译版权等事宜；感谢我们的来访者们，他们的故事让我确信“例外”的力量；感谢每一位读者——当你翻开这本书，我们就共同进入了SFBT的语言游戏：在对话中建构现实，在提问中创造可能。愿你在这些文字里，看见自己生活的星火，并用它点亮下一段路。

最后，用Insoo Kim Berg的一句话作结：“来访者是他们自己生命的主人，我们只是问出好问题的客人。”愿我们都能成为谦逊而好奇的客人，在语言的缝隙里，与美好未来相遇。

赵然

2025年7月，于北京